中等职业教育数字艺术类

U0663719

边做边学

3ds Max 9

室内效果图设计

案例教程

■ 刘崇健 主　编

■ 邓晓宁 副主编

人民邮电出版社

北　京

图书在版编目（CIP）数据

3ds Max 9室内效果图设计案例教程 / 刘崇健主编
. -- 北京 ：人民邮电出版社，2010.11
（边做边学）
中等职业教育数字艺术类规划教材
ISBN 978-7-115-23785-9

Ⅰ．①3… Ⅱ．①刘… Ⅲ．①室内设计：计算机辅助
设计－图形软件，3DS MAX－专业学校－教材 Ⅳ.
①TU238-39

中国版本图书馆CIP数据核字(2010)第191050号

内 容 提 要

本书全面系统地介绍 3ds Max 9 的各项功能和室内效果图制作技巧，内容包括初识 3ds Max 9、几何体的创建 、二维图形的创建、三维模型的创建、复合对象的创建、几何体的形体变化、材质和纹理贴图、摄像机和灯光的应用、渲染与特效等。

本书采用案例编写形式，体现"边做边学"的教学理念，不仅让学生在做的过程中熟悉、掌握软件功能，而且书中加入了案例的设计理念等分析内容，为学生今后走上工作岗位打下基础。本书配套光盘中包含了书中所有案例的素材及效果文件，以利于教师授课，学生练习。

本书可作为中等职业学校平面设计专业、多媒体专业及相关专业 3ds Max 9 课程的教材，也可作为相关人员的参考用书。

◆ 主　　编　刘崇健

　副 主 编　邓晓宁

　责任编辑　王　平

◆ 人民邮电出版社出版发行　　北京市丰台区成寿寺路 11 号

　邮编　100164　　电子邮件　315@ptpress.com.cn

　网址　https://www.ptpress.com.cn

　北京盛通印刷股份有限公司印刷

◆ 开本：787×1092　1/16

　印张：15　　　　　　　　　2010 年 11 月第 1 版

　字数：388 千字　　　　　　2024 年 7 月北京第 23 次印刷

ISBN 978-7-115-23785-9

定价：32.00 元（附光盘）

读者服务热线：**(010)81055256**　印装质量热线：**(010)81055316**
反盗版热线：**(010)81055315**
广告经营许可证：京东市监广登字 20170147 号

前　言

3ds Max 是由 Autodesk 公司开发的三维设计软件。它功能强大、易学易用，深受国内外建筑工程设计和动画制作人员的喜爱，已经成为这些领域最流行的软件之一。为了帮助中等职业学校的教师全面、系统地讲授这门课程，使学生能够熟练地使用 3ds Max 来进行室内效果图的设计制作，我们几位长期在职业院校从事 3ds Max 教学的教师和专业装饰设计公司经验丰富的设计师合作，共同编写了本书。

根据现代中职学校的教学方向和教学特色，我们对本书的编写体系做了精心的设计。每章按照"课堂学习目标—案例分析—设计理念—操作步骤—相关工具—实战演练"这一思路进行编排，力求通过案例演练，使学生快速熟悉艺术设计理念和软件功能；通过软件相关功能解析使学生深入学习软件功能和制作特色；通过实战演练和综合演练，拓展学生的实际应用能力。在内容编写方面，力求细致全面、重点突出；在文字叙述方面，注意言简意赅、通俗易懂；在案例选取方面，强调案例的针对性和实用性。

本书配套光盘中包含了书中所有案例的素材及效果文件。另外，为方便教师教学，本书配备了详尽的课堂实战演练和课后综合演练的操作步骤文稿、PPT 课件、教学大纲，附送商业实训案例文件等丰富的教学资源，任课教师可登录人民邮电出版社教学服务与资源网（www.ptpedu.com.cn）免费下载使用。本书的参考学时为 64 学时，各章的参考学时参见下面的学时分配表。

章　节	课 程 内 容	学 时 分 配
第 1 章	初识 3ds Max 9	6
第 2 章	几何体的创建	6
第 3 章	二维图形的创建	6
第 4 章	三维模型的创建	10
第 5 章	复合对象的创建	6
第 6 章	几何体的形体变化	6
第 7 章	材质和纹理贴图	8
第 8 章	摄像机和灯光的应用	6
第 9 章	渲染与特效	10
课 时 总 计		64

本书由刘崇健任主编，邓晓宁任副主编，参与本书编写工作的还有周建国、吕娜、葛润平、陈东生、周世宾、刘尧、周亚宁、张敏娜、王世宏、孟庆岩、谢立群、黄小龙、高宏、尹国琴、崔桂青、张文达等。

由于时间仓促，加之编者水平有限，书中难免存在错误和不妥之处，敬请广大读者批评指正。

编　者
2010 年 7 月

目 录

第1章 初识 3ds Max 9

3ds Max 是 Discreet 公司开发的非常优秀的三维动画制作软件，广泛应用于建筑设计、工业造型、视频影视、游戏动画等多个领域。

本章介绍中文版 3ds Max 9 在室内设计中的重要地位，以及 3ds Max 9 的操作界面、坐标系统、物体的选择方、物体的变换、物体的复制、捕捉工具、对齐工具车削和重复命令，物体的中心控制等一些 3ds Max 中的常用基本操作。

课堂学习目标

- 了解室内设计对于现实生活的重要性
- 了解 3ds Max 9 的操作界面
- 掌握 3ds Max 9 的坐标系统
- 熟练掌握 3ds Max 9 中常用的工具

1.1 3ds Max 9 室内设计概述

1.1.1 【操作目的】

人的一生，绝大部分时间是在室内渡过的。因此，人们设计创造的室内环境，必然会直接关系到室内生活及活动的质量，关系到人们的安全、健康、效率、舒适等。图 1-1 所示为一副室内效果图。

图 1-1

1.1.2 【操作步骤】

（1）设计准备阶段。

一般准备阶段包括实地考查、量房，以及与户主交流。

（2）方案设计阶段。

方案设计阶段通常是在与户主交流后产生的构思，充分理解户主的要求后，手绘草图或构思出大致的设计方案。

（3）施工图设计阶段。

施工图设计阶段主要是绘制 CAD 图纸，将 CAD 导入到 3ds Max 中，通过构思的方案，将其在 3ds Max 中充分地体会出来，渲染出图。

（4）设计施工阶段。

1.1.3 【相关工具】

1. 室内设计概述

室内设计是根据建筑物的使用性质、所处环境和相应标准，运用物质技术手段和建筑设计原理，创造功能合理、舒适优美、满足人们物质和精神生活需要的室内环境。这一空间环境既具有使用价值，满足相应的功能要求，同时也反映了历史文脉、建筑风格、环境气氛等精神因素。应明确地把"创造满足人们物质和精神生活需要的室内环境"作为室内设计的目的。现代室内设计是综合的室内环境设计，既包括视觉环境和工程技术方面的问题，也包括声、光、热等物理环境以及氛围、意境等心理环境和文化内涵等内容。

2. 室内建模的主要注意事项

在 3ds Max 9 中建模时需要注意以下几点。

（1）做简模。

尽量模仿游戏场景的建模方法，但不推荐把效果图的模型拿过来直接用。虚拟现实中的运行画面每一帧都是靠显卡和 CPU 实时计算出来的，如果面数太多，会导致运行速度急剧降低，甚至无法运行；模型面数过多，会导致文件容量增大，在网络上发布也会导致下载时间增加。

（2）模型的三角网格面尽量为等边三角形，不要出现长条形。

在调用模型或创建模型时，尽量保证模型的三角面为等边三角形，不要出现长条型。这是因为长条形的面不利于实时渲染，还会出现锯齿、纹理模糊等现象。如图 1-2 所示。

（3）复杂模型用贴图来表现。

对于复杂物体的模型可以像游戏场景一样，利用贴图的方式来表现，其效果非常细腻，真实感也很强，如图 1-3 所示。

（4）重新制作简模比改精模的效果更好。

实际工作中，重新创建一个简模一般比在一个精模的基础上修改的速度快，在此推荐尽可能地新建模型。例如从模型库调用的一个沙发模型，其扶手模型的面数为 440，而重新建立一个相同尺寸规格的模型的面数为 204，制作方法相当简单，速度也很快，如图 1-4 所示。

图 1-2

图 1-3

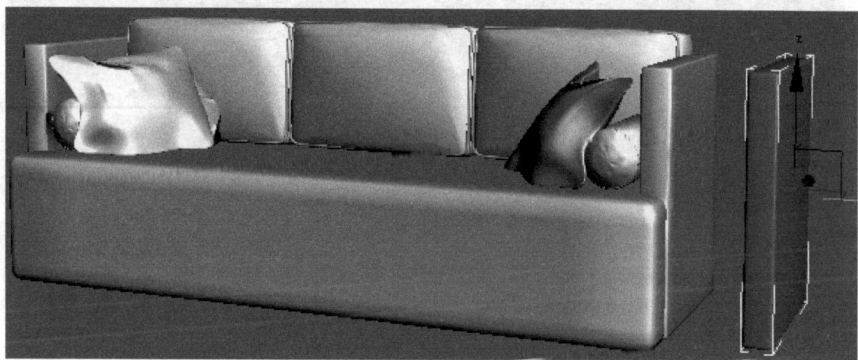

图 1-4

（5）相同材质的模型，尽量使用同一材质样本球，这样便于管理材质。

（6）删除看不到的面。

在建立模型时，看不见的地方不用建模，对于看不见的面也可以删除，主要是为了提高贴图的利用率，降低整个场景的面数，以提高交互场景的运行速度。

1.2 3ds Max 9 的操作界面

1.2.1 【操作目的】

使用 3ds Max 9 进行工作，首先要了解 3ds Max 9 工作界面中各个部分的功能及应用方法。

1.2.2 【操作步骤】

双击桌面上的⑤图标启动 3ds Max 9，稍等即可打开其动作界面。

1.2.3 【相关工具】

1. 3ds Max 9 系统界面简介

3ds Max 9 系统界面主要包括主工具栏、浮动工具栏、命令面板、视图控制区、动画播放区、脚本和侦听器、状态栏、菜单栏等几大部分，如图 1-5 所示。

图 1-5

下面主要介绍常用的几个视图结构。

2. 菜单栏

菜单栏位于主窗口的标题栏下面，如图 1-6 所示。每个菜单的标题表明该菜单上命令的用途。单击菜单名时，在下拉菜单中会列出很多命令。

图 1-6

"文件"菜单："文件"菜单包含用于管理文件的命令，如新建、重置、打开、导入、归档、合并、导入、导出等，如图 1-7 所示。

"编辑"菜单："编辑"菜单包含用于在场景中选择和编辑对象的命令，如撤销、重做、暂存、取回、删除、克隆、移动等对场景中的对象进行编辑的命令，如图 1-8 所示。

"工具"菜单：在 3ds Max 场景中，利用"工具"菜单可更改或管理对象，特别是对象集合的对话框,如图1-9所示。

"组"菜单:包含用于将场景中的对象成组和解组的功能,如图1-10所示。它可将两个或多个对象组合为一个组对象,为组对象命名,然后像任何其他对象一样对它们进行处理。

图 1-7   图 1-8   图 1-9   图 1-10

"视图"菜单:该菜单包含用于设置和控制视口的命令,如图1-11所示。通过右击视口标签也可以访问该菜单上的某些命令,如图1-12所示。

"创建"菜单:该菜单提供了一个创建几何体、灯光、摄影机和辅助对象的方法。它包含的各种子菜单与创建面板中的各项是相同的,如图1-13所示。

"修改器"菜单:"修改器"菜单提供了快速应用常用修改器的方式。该菜单划分为一些子菜单,子菜单上各个命令的可用性取决于当前选择,如图1-14所示。

图 1-11   图 1-12   图 1-13   图 1-14

"reactor"菜单：该菜单提供与 3ds Max 9 中内置的 reactor 动力学软件有关的一组命令，如图 1-15 所示。

"动画"菜单：提供一组有关动画、约束和控制器以及反向运动学解算器的命令。此菜单中还提供自定义属性和参数关联控件，以及用于创建、查看和重命名动画预览的控件，如图 1-16 所示。

"图表编辑器"菜单：使用该菜单可以访问用于管理场景及其层次和动画的图表子窗口，如图 1-17 所示。

"渲染"菜单：该菜单包含用于渲染场景、设置环境和渲染效果、使用 Video Post 合成场景以及访问 RAM 播放器的命令，如图 1-18 所示。

图 1-15

图 1-16

图 1-17

图 1-18

"自定义"菜单：该菜单包含用于自定义 3ds Max 用户界面（UI）的命令，如图 1-19 所示。

"MAXScript"菜单：该菜单包含用于处理脚本的命令，这些脚本是您使用软件内置脚本语言 MAXScript 创建而来的，如图 1-20 所示。

"帮助"菜单：通过"帮助"菜单可以访问 3ds Max 联机参考系统，如图 1-21 所示。"欢迎屏幕"显示第一次运行 3ds Max 时默认情况下打开的"欢迎使用屏幕"对话框。"用户参考"显示 3ds Max 联机"用户参考"等，为用户学习提供了方便。

图 1-19

图 1-20

图 1-21

3. 工具栏

通过工具栏可以快速访问 3ds Max 中很多常见任务的工具和对话框，如图 1-22 所示。

图 1-22

下面对工具栏中的各个工具进行介绍。

（撤销）：撤销命令可取消对任何选定对象执行的上一次操作。

（重做）：可取消由撤销命令执行的上一次操作。

（选择并链接）：可以通过将两个对象链接作为子和父，定义它们之间的层次关系。子级将继承应用于父的变换（移动、旋转、缩放），但是子级的变换对父级没有影响。

（断开当前选择链接）：可移除两个对象之间的层次关系。

（绑定到空间扭曲）：把当前选择附加到空间扭曲。

选择过滤器列表："选择过滤器"下拉列表如图 1-23 所示，它可以限制可由选择工具选择的对象的特定类型和组合。例如，如果选择"摄影机"，则使用选择工具只能选择摄影机。

（选择对象）：用于选择对象或子对象，以便进行操纵。

（按名称选择）：可以使用"选择对象"对话框从当前场景中所有对象的列表中选择对象。

（矩形选择区域）：在视口中以矩形框选区域。弹出按钮提供了 （圆形选择区域）、 （围栏选择区域）、 （套索选择区域）、 （绘制选择区域）可供选择。

图 1-23

（窗口、交叉）：在按区域选择时，可以在窗口和交叉模式之间进行切换。在" （窗口）"模式中，只能选择所选内容中的对象或子对象。在" （交叉）"模式中，可以选择区域内的所有对象或子对象，以及与区域边界相交的任何对象或子对象。

（选择并移动）：当该按钮处于活动状态时，单击对象进行选择，并拖曳鼠标以移动该对象。

（选择并旋转）：当该按钮处于活动状态时，单击对象进行选择，并拖曳鼠标以旋转该对象。

（选择并均匀缩放）：使用 （选择并均匀缩放）按钮，可以沿所有 3 个轴以相同量缩放对象，同时保持对象的原始比例。 （选择并非均匀缩放）按钮可以根据活动轴约束以非均匀方式缩放对象。 （选择并挤压）按钮可以根据活动轴约束来缩放对象。

参考坐标系：使用参考坐标系，可以指定变换（移动、旋转和缩放）所用的坐标系。该下拉列表中包括"视图"、"屏幕"、"世界"、"父对象"、"局部"、"万向"、"栅格"和"拾取"选项，如图 1-24 所示。

（使用轴点中心）： （使用轴点中心）弹出按钮提供了对用于确定缩放和旋转操作几何中心的 3 种方法的访问。 （使用轴点中心）按钮可以围绕其各自的轴点旋转或缩放一个或多个对象。 （使用选择中心）按钮可以围绕其共同的几何中心旋转或缩放一个或多个对象。如果变换多个对象，该软件会计算所有对象的平均几何中心，并将此几何中心用作变换中心。 （使用变换坐标中心）按钮可以围绕当前坐标系的中心旋转或缩放一个或多个对象。

图 1-24

(选择并操纵)：使用该按钮可以通过在视口中拖曳"操纵器"编辑某些对象、修改器和控制器的参数。

(键盘快捷键覆盖切换)：使用该按钮可以在只使用"主用户界面"快捷键和同时使用主快捷键和组（如编辑/可编辑网格、轨迹视图、NURBS 等）快捷键之间进行切换。可以在"自定义用户界面"对话框中自定义键盘快捷键。

(捕捉开关)：(3D 捕捉)是默认设置，光标直接捕捉到 3D 空间中的任何几何体，用于创建和移动所有尺寸的几何体，而不考虑构造平面。选择(2 捕捉)，光标仅捕捉到活动构建栅格，包括该栅格平面上的任何几何体，将忽略 z 轴或垂直尺寸。选择(2.5D 捕捉)，光标仅捕捉活动栅格上对象投影的顶点或边缘。

(角度捕捉切换)：确定多数功能的增量旋转，默认设置为以 5° 增量进行旋转。

(百分比捕捉切换)：通过指定的百分比增加对象的缩放。

(微调器捕捉切换)：设置 3ds Max 中所有微调器的单个单击增加或减少值。

(编辑命名选择集)：单击该按钮显示"编辑命名选择"对话框，可用于管理子对象的命名选择集。

(镜像)：单击该按钮显示"镜像"对话框，使用该对话框可以在镜像一个或多个对象的方向时，移动这些对象。"镜像"对话框还可以用于围绕当前坐标系中心镜像当前选择。使用"镜像"对话框可以同时创建克隆对象。

(对齐)：该弹出按钮提供了对用于对齐对象的 6 种不同工具的访问。单击(对齐)按钮，然后选择对象，将显示"对齐"对话框，使用该对话框可将当前选择与目标选择对齐，目标对象的名称将显示在"对齐"对话框的标题栏中。执行子对象对齐时，"对齐"对话框的标题栏会显示为"对齐子对象当前选择"。单击(快速对齐)按钮可将当前选择的位置与目标对象的位置立即对齐。单击(法线对齐)按钮弹出对话框，基于每个对象上面或选择的法线方向将两个对象对齐。单击(放置高光)按钮上的"放置高光"，可将灯光或对象对齐到另一对象，以便可以精确定位其高光或反射。单击(对齐摄影机)按钮，可以将摄影机与选定的面法线对齐。单击(对齐到视图)按钮，可显示"对齐到视图"对话框，可以将对象或子对象选择的局部轴与当前视口对齐。

(层管理器)：使用层管理器可以创建和删除层的无模式对话框，也可以查看和编辑场景中所有层的设置，以及与其相关联的对象。使用此对话框，可以指定光能传递解决方案中的名称、可见性、渲染性、颜色以及对象和层的包含。

(曲线编辑器)："轨迹视图 - 曲线编辑器"是一种"轨迹视图"模式，用于以图表上的功能曲线来表示运动。利用它可以查看运动的插值、软件在关键帧之间创建的对象变换。使用曲线上找到的关键点的切线控制柄，可以轻松查看和控制场景中各个对象的运动和动画效果。

(图解视图)：图解视图是基于节点的场景图，通过它可以访问对象属性、材质、控制器、修改器、层次和不可见场景关系，如关联参数和实例。

(材质编辑器)："材质编辑器"提供创建和编辑对象材质以及贴图的功能。

(渲染场景对话框)："渲染场景"对话框具有多个面板。面板的数量和名称因活动渲染器而异。

(快速渲染)：该按钮可以使用当前产品级渲染设置来渲染场景，而无须显示"渲染场景"对话框。

4. 命令面板

命令面板是 3ds Max 的核心部分，默认状态下位于整个窗口界面的右侧。命令面板由 6 个用户界面面板组成，使用这些面板可以访问 3ds Max 的大多数建模功能，以及一些动画功能、显示选择和其他工具。每次只有一个面板可见，在默认状态下打开的是 （创建）面板，如图 1-25 所示。

要显示其他面板，只需单击命令面板顶部的选项卡即可切换至不同的命令面板，从左至右依次为 （创建）、 （修改）、 （层次）、 （运动）、 （显示）和 （工具）。

面板上标有＋（加号）或－（减号）按钮的即是卷展栏。卷展栏的标题左侧带有＋号表示卷展栏卷起，有－号表示卷展栏展开，通过单击＋号或－号可以在卷起和展开卷展栏之间切换。如果很多卷展栏同时展开，屏幕可能不能完全显示卷展栏，这时可以把鼠标指针放在卷展栏的空白处，当鼠标指针变成 形状时，按住鼠标左键上下拖曳鼠标，可以上下移动卷展栏，这和上面提到的拖曳工具栏类似。

图 1-25

下面介绍效果图建模中常用的命令面板。

 （创建）面板是 3ds Max 9 中最常用到的面板之一，利用该面板可以创建各种模型对象，它是命令级数最多的面板。面板上方的 7 个按钮代表了 7 种可创建的对象，简单介绍如下。

 （几何体）：可以创建标准几何体、扩展几何体、合成造型、粒子系统、动力学物体等。

 （图形）：可以创建二维图形，可沿某个路径放样生成三维造型。

 （灯光）：创建泛光灯、聚光灯、平行灯等各种灯，模拟现实中各种灯光的效果。

 （摄像机）：创建目标摄像机或自由摄像机。

 （辅助对象）：创建起辅助作用的特殊物体。

 （空间扭曲）物体：创建空间扭曲以模拟风、引力等特殊效果。

 （系统）：可以生成骨骼等特殊物体。

单击其中的一个按钮，可以显示相应的子面板。在可创建对象按钮的下方是创建的模型分类下拉列表框 标准基本体 ，单击右侧的 箭头，可从弹出的下拉列表中选择要创建的模型类别。图 1-25 所示的列表框是在几何体子面板中可以创建的模型类别。

在一个物体创建完成后，如果要对其进行修改，即可单击 按钮，打开修改面板，如图 1-26 所示。 （修改）面板可以修改对象的参数、应用编辑修改器以及访问编辑修改器堆栈。通过该面板，用户可以实现模型的各种变形效果，如拉伸、变曲、扭转等。

在命令面板中单击 按钮，打开显示面板，如图 1-27 所示。 （显示）面板主要用于设置显示和隐藏、冻结和解冻场景中的对象，还可以改变对象的显示特性、加速视图显示、简化建模步骤。

图 1-26   图 1-27

5. 工作区

工作区中共有 4 个视图。在 3ds Max 9 中，视图（也叫视口）显示区位于窗口的中间，占据了大部分的窗口界面，是 3ds Max 9 的主要工作区。通过视图，可以从任何不同的角度来观看所建立的场景。在默认状态下，系统在 4 个视窗中分别显示了"顶"视图、"前"视图、"左"视图和"透视"视图 4 个视图（又称场景）。其中"顶"视图、"前"视图、"左"视图相当于物体在相应方向的平面投影，或沿 x 轴、y 轴、z 轴所看到的场景，而"透视"视图则是从某个角度所看到的场景，如图 1-28 所示。因此，"顶"视图、"前"视图等又被称为正交视图，在正交视图中，系统仅显示物体的平面投影形状，而在"透视"视图中，系统不仅显示物体的立体形状，而且显示了物体的颜色，所以，正交视图通常用于物体的创建和编辑，而"透视"视图则用于观察效果。

图 1-28

4 个视图都可见时，带有高亮显示边框的视图始终处于活动状态，默认情况下，透视视图"平滑"并"高亮显示"。在任何一个视图中单击鼠标左键或右键，都可以激活该视图，被激活视图的边框显示为黄色。可以在激活的视图中进行各种操作，其他的视图仅作为参考视图（注意，同一时刻只能有一个视图处于激活状态）。用鼠标左键和右键激活视图的区别在于：用鼠标左键单击某一视图时，可能会对视图中的对象进行误操作，而用鼠标右键单击某一视图时，则只是激活视图。

将鼠标指针移到视图的中心，也就是 4 个视图的交点，当鼠标指针变成双向箭头时，拖曳鼠标（见图 1-29）可以改变各个视图的大小和比例，如图 1-30 所示。

图 1-29

图 1-30

用户还可将视图设置为"底"视图、"右"视图、"用户"视图、"摄像机"视图、"后"视图等。其中，"后"视图的快捷键为"K"，其余各视图的快捷键为各自名称开头的大写字母。摄像机视图与透视图类似，它显示了用户在场景中放置摄像机后，通过摄像机镜头所看到的画面。用户可以用鼠标右键单击视图左上角的字标来切换视图，此时系统将弹出一个快捷菜单，从"视图"子菜单中选择需要的视图即可，如图 1-31 所示。在弹出的快捷菜单中选择"配置"命令，在打开的对话框中选择"布局"选项卡，从中可以选择窗口的布局，如图 1-32 所示。

6. 视图控制区

视图调节工具位于 3ds Max 9 界面的右下角，图 1-33 所示为标准 3ds Max 9 视图调节工具，根据当前激活视图的类型，视图调节工具会略有不同。当选择一个视图调节工具时，该按钮呈黄色显示，表示对当前激活视图窗口来说该按钮是激活的，在激活窗口中单击鼠标右键关闭按钮。

图 1-31　　　　　　　　　　　图 1-32　　　　　　　　　　　图 1-33

视图调节工具的功能如下。

　　（缩放）：单击此按钮，在任意视图中按住鼠标左键不放，上下拖曳鼠标，可以拉近或推远场景。

　　（缩放全部）：用法同"缩放"按钮，只不过此按钮影响的是当前所有可见的视图。

　　（最大化显示）：单击此按钮，当前视图以最佳方式显示。

　　（所有视图最大化显示）按钮：用法同"最大化显示"按钮，只不过此按钮影响的是当前所有可见的视图。

　　（视野）：单击此按钮，在透视图中按住鼠标左键不放并上下拖曳，视图中的相对场景和视角都发生改变。

　　（平移视图）：在任意视图中拖曳鼠标，可以移动视图窗口。

　　（弧形旋转）：单击此按钮，当前视窗中出现一个黄圈，可以在圈内、圈外或圈上的 4 个顶点上拖曳鼠标以改变不同的视角。该命令主要用于透视图的角度调节。如果试图对其他视图使用此命令，会发现正视图自动切换为用户视图。如果想恢复原来的视图，可以单击相应的快捷键。

　　（最大化视口切换）：单击此按钮，当前视图满屏显示，便于对场景进行精细编辑操作。再次单击此按钮，可恢复原来的状态，其快捷键为 W。

7. 状态栏

状态行和提示行位于视图区的下部偏右，状态行显示了所选对象的数目、对象的锁定、当前鼠标的坐标位置、当前使用的栅格距等。提示行显示了当前使用工具的提示文字，如图 1-34 所示。

坐标数值显示区：在锁定按钮的右侧是坐标数值显示区，如图 1-35 所示。

图 1-34　　　　　　　　　　　　　　　　图 1-35

1.3 3ds Max 9 的坐标系统

1.3.1 【操作目的】

使用参考坐标系列表，可以指定变换（移动、旋转和缩放）所用的坐标系，包括"视图"、"屏幕"、"世界"、"父对象"、"局部"、"万向"、"栅格"和"拾取"坐标系。

1.3.2 【操作步骤】

步骤 1　在场景中选择需要更改坐标系的模型，如图 1-36 所示。

步骤 2　在工具栏中的参考坐标系下拉列表中选择需要的坐标系统，如图 1-37 所示。

图 1-36

图 1-37

1.3.3 【相关工具】

下面介绍各个坐标系的功能。

视图：在默认的"视图"坐标系中，所有正交视口中的 x、y、z 轴都相同。使用该坐标系移动对象时，会相对于视口空间移动，如图 1-38 所示 4 个视图中的视图坐标。

x 轴始终朝右。

y 轴始终朝上。

z 轴始终垂直于屏幕指向用户。

屏幕：将活动视口屏幕用作坐标系，如图 1-39 和图 1-40 所示分别激活了旋转视图后的"透视"图与"前"视图的坐标效果。该模式下的坐标系始终相对于观察点。

图 1-38

x 轴为水平方向，正向朝右。

y 轴为垂直方向，正向朝上。

z 轴为深度方向，正向指向用户。

因为"屏幕"模式取决于其方向的活动视口，所以非活动视口中的三轴架上的 x、y、z 标签显示当前活动视口的方向。激活该三轴架所在的视口时，三轴架上的标签会发生变化。

图 1-39   图 1-40

世界：使用世界坐标系，如图 1-41 所示。从正面看：

x 轴正向朝右；

z 轴正向朝上；

y 轴正向指向背离用户的方向。

"世界"坐标系始终固定。

父对象：使用选定对象的父对象的坐标系。如果对象未链接至特定对象，则为世界坐标系的子对象，其父坐标系与世界坐标系相同，如图 1-42 所示。

图 1-41   图 1-42

局部：使用选定对象的坐标系。对象的局部坐标系由其轴点支撑。使用"层次"命令面板上的选项，可以相对于对象调整局部坐标系的位置和方向。

万向：万向坐标系与 Euler XYZ 旋转控制器一同使用。它与"局部"坐标系类似，但其 3 个旋转轴不一定互相之间成直角。

使用"局部"和"父对象"坐标系围绕一个轴旋转时，会更改 2 个或 3 个"Euler XYZ"轨迹，而使用"万向"坐标系围绕一个轴的"Euler XYZ"旋转仅更改该轴的轨迹，这使得功能曲线编辑更为便捷。此外，利用"万向"坐标的绝对变换输入会将相同的 Euler 角度值用作动画轨迹（按照坐标系要求，与相对于"世界"或"父对象"坐标系的 Euler 角度相对应）。

"Euler XYZ"控制器也可以是"列表控制器"中的活动控制器。

栅格：使用活动栅格的坐标系。

拾取：使用场景中另一个对象的坐标系。

1.4 物体的选择方式

1.4.1 【操作目的】

3ds Max 中选择模型的方法有很多，其中包括直接选择、通过对话框选择，以及区域选择等。

1.4.2 【操作步骤】

步骤 1 在工具栏中选择 ▶ （选择对象）工具。

步骤 2 在场景中选择需要编辑的对象，如图 1-43 所示。

1.4.3 【相关工具】

1. 选择物体的基本方法

选择物体的基本方法包括使用 ▶ 工具直接选择和使用 ▶ （按名称选择）工具两种方法。单击 ▶ 按钮后弹出"选择对象"对话框，如图 1-44 所示。

图 1-43

图 1-44

在该对话框的列表框中按住 Ctrl 键可选择多个对象，按住 Shift 键可选择对象的连续范围。在对话框的右侧可以设置对象以什么形式进行排序，指定显示在对象列表中的列出类型，包括"几何体"、"图形"、"灯光"、"摄影机"、"辅助对象"、"空间扭曲"、"组/集合"、"外部参考"和"骨骼"类型。取消任何类型的勾选，在列表中将隐藏该类型。

在列表框的下方提供出"全部"、"无"、"反选"等按钮。

2. 区域选择

区域选择指选择工具配合工具栏中的选区工具 ▣ （矩形选择区域）、⬡ （圆形选择区域）、▨ （围栏选择区域）、▩ （套索选择区域）和 ▩ （绘制选择区域）。

▣：在视口中拖曳，然后释放鼠标。单击的第一个位置是矩形的一个角，释放鼠标的位置是相对的角，如图 1-45 所示。

◎：在视口中拖曳，然后释放鼠标。首先单击的位置是圆形的圆心，释放鼠标的位置定义了圆的半径，如图 1-46 所示。

▨：在视口中拖曳绘制多边形，创建的多边形选择区如图 1-47 所示。

▧：围绕应该选择的对象拖曳鼠标以绘制图形，然后释放鼠标。要取消该选择，请在释放鼠标前右击。

图 1-45

图 1-46

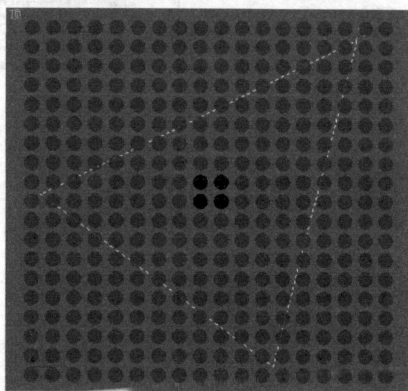

图 1-47

▨：将鼠标拖至对象之上，然后释放鼠标。在进行拖曳时，鼠标周围将会出现一个以画刷大小为半径的圆圈。根据绘制创建选区，如图 1-49 所示。

图 1-48

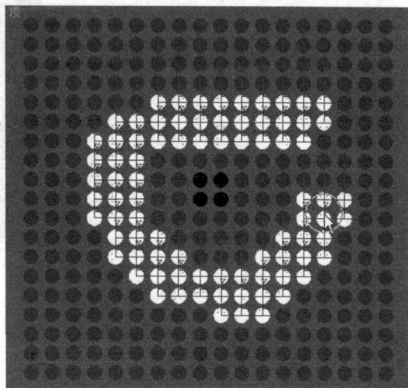

图 1-49

3. 编辑菜单选择

在"编辑"菜单中可以选择编辑和场景中的模型，如图 1-50 所示。

4. 物体编辑成组

在场景中选择需要成组的对象如图 1-51 所示。在菜单栏中选择"组 > 成组"命令，弹出"组"对话框如图 1-52 所示，在文本框中输入组名。将选择的对象成组之后，可以对成组后的模型进行编辑。

图 1-50

图 1-51

图 1-52

1.5 物体的变换

1.5.1 【操作目的】

通过一个简单的小丑模型介绍变换工具。

图 1-53

1.5.2 【操作步骤】

步骤 1 在场景中创建圆锥体和球体，如图 1-54 所示。

步骤 2 使用 ✛ (选择并移动) 工具，在"前"视图中沿 y 轴移动模型至如图 1-55 所示的位置。

步骤 3 在场景中按住 Shift 键沿 x 轴移动复制模型，如图 1-56 所示，在弹出的对话框中选择"复制"选项，单击"确定"按钮。

步骤 4 在工具栏中用鼠标右击 ▣ (选择并均匀缩放) 工具，在弹出的对话框中设置"偏移：屏幕"的缩放%参数，如图 1-57 所示。

图 1-54

图 1-55

图 1-56

图 1-57

步骤 5 使用 ✛（选择并移动）工具在场景中移动模型，如图 1-58 所示。

步骤 6 复制圆锥体，在工具栏中选择 ↻（选择并旋转）工具，在"左"视图中选择模型的角度，如图 1-59 所示。

图 1-58

图 1-59

步骤 7 在"前"视图中沿 x、y 轴缩放模型，如图 1-60 所示。

步骤 8 在场景中调整模型的位置，如图 1-61 所示。

图 1-60

图 1-61

1.5.3 【相关工具】

1. 移动物体

移动工具是在三维制作过程中使用的最为频繁的变换工具，用于选择并移动物体。➕（选择并移动）工具可以将选择的物体移动到任意的一个位置，也可以将选择的物体精确定位到一个新的位置。移动工具有自身的模框，选择任意一个轴可以将移动限制在被选中的轴上，被选中的轴被加亮为黄色；选择任意一个平面，可以将移动限制在该平面上，被选中的平面被加亮为透明的黄色。

为了提高效果图的制作精度，可以使用键盘输入精确控制移动数量，用鼠标右键单击➕（选择并移动）工具，打开"移动变换输入"对话框，如图 1-62 所示，在其中可精确控制移动数量，确定被选物体新位置的相对坐标值。使用这种方法进行移动，移动方向仍然要受到轴的限制。

图 1-62

2. 旋转物体

旋转模框是根据虚拟跟踪球的概念建立的，旋转模框的控制工具是一些圆，在任意一个圆上单击，再沿圆形拖曳鼠标即可进行旋转，对于大于 360° 的角度，可以不止旋转一圈。当圆旋转到虚拟跟踪球后面时将变得不可见，这样模框不会变得杂乱无章，更容易使用。

在旋转模框中，除了控制 x、y、z 轴方向的旋转外，还可以控制自由旋转和基于视图的旋转。在暗灰色圆的内部拖曳鼠标可以自由旋转一个物体，就像真正旋转一个轨迹球一样（即自由模式）；在浅灰色的球外框拖曳鼠标可以在一个与视图视线垂直的平面上旋转一个物体（即屏幕模式）。

使用 ⟳（选择并旋转）工具也可以进行精确旋转，其使用方法与移动工具一样，只是对话框有所不同。

3. 缩放物体

缩放的模框中包括了限制平面，以及伸缩模框本身提供的缩放反馈，缩放变换按钮为弹出按钮，可提供 3 种类型的缩放，即等比例缩放、非等比例缩放和挤压缩放（即体积不变）。

旋转任意一个轴可将缩放限制在该轴的方向上，被限制的轴被加亮为黄色；旋转任意一个平面可将缩放限制在该平面上，被选中的平面被加亮为透明的黄色；选择中心区域可进行所有轴向的等比例缩放，在进行非等比例缩放时，缩放模框会在鼠标移动时拉伸和变形。

1.6 物体的变换

1.6.1 【操作目的】

通过分子阵列实例介绍模型的基本复制方法，如图 1-63 所示。

图 1-63

1.6.2 【操作步骤】

步骤 1 在场景中创建球体，如图 1-64 所示。

步骤 2 接着再创建合适的圆柱体，如图 1-65 所示。

图 1-64

图 1-65

步骤 3 在场景中移动复制模型，如图 1-66 所示。

步骤 4 在场景中选择模型，在菜单栏中选择"组 > 成组"命令，弹出"组"对话框，如图 1-67 所示。

步骤 5 成组模型后，在菜单栏中选择"工具 > 阵列"命令，在弹出的对话框中设置单击移动右侧的箭头按钮，并设置"总计"下的"Z"参数为 3000，单击旋转右侧的箭头，设置"Z"参数为 360 度，设置"阵列维度"组下的"数量 > 1D"为 20，单击"确定"按钮，如图 1-68

所示。

图 1-66　　　　　　　　　　　　　　　　图 1-67

图 1-68

步骤 6 完成的分子阵列模型，如图 1-69 所示。

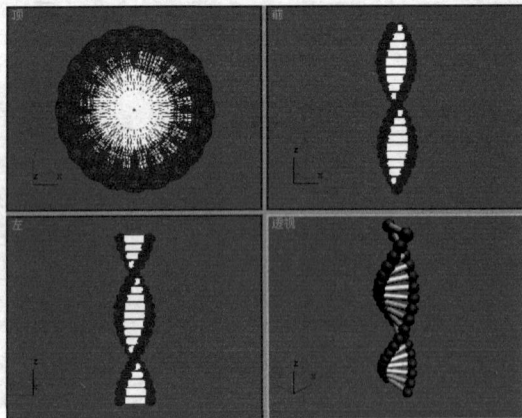

图 1-69

1.6.3 【相关工具】

在上面的实例中可以延伸出以下的集中复制工具。

1. 直接复制物体

在场景中选择需要复制的模型，按 Ctrl+V 组合键，可以直接复制模型；使用变换工具是使用最多的复制方法，按住 Shift 键的同时利用移动、旋转、缩放工具拖曳鼠标即可将物体进行变换复制，释放鼠标后弹出"克隆选项"对话框，复制对象有 3 种，即常规复制、实例复制和参考复制，如图 1-70 所示。

2. 利用镜像复制物体

镜像工具可以将选择的物体沿指定的坐标轴进行对称复制。

在场景中选择需要镜像复制的模型，如图 1-71 所示，单击工具栏中的 （阵列）按钮，打开"镜像"对话框，如图 1-72 所示。

图 1-70

在对话框中设置控制镜像的基本参数：6 个镜像的轴向，可以实现不同的镜像效果；"偏移"参数设置镜像物体与原物体的距离；控制镜像模型以哪种方式进行镜像复制。

图 1-71

图 1-72

3. 利用间距复制物体

间距复制可以根据路径设置沿路径复制的模型，图 1-73 所示为使用路径和球体制作的手链。

图 1-73

在场景中创建路径和球体，如图 1-74 所示。

在菜单栏中选择"工具 > 间隔工具"命令，在弹出的对话框中单击"Circle 01"按钮，在场景中拾取作为路径的圆，如图 1-75 所示，选择"计数"参数，设置复制的模型的格式。

4. 利用阵列复制物体

在菜单栏中选择"工具 > 阵列"命令，打开"阵列"对话框，如图 1-76 所示。

图 1-74

图 1-75

图 1-76

"增量"参数：控制阵列单个物体在 x、y、z 轴向上的移动、旋转、缩放间距，该参数一般不进行设置。

"总计"参数：控制阵列物体在 x、y、z 轴向上的移动、旋转、缩放总量，这是常用的参数控制区，改变该参数后"增量"的参数将跟随改变。

"对象类型"组：设置复制的类型。

"阵列维度"组：设置 3 种维度的阵列。

"重新定向"选项：选中该选项后旋转复制原始对象时，同时也对复制物体沿其自身的坐标系统进行旋转定向，使其在旋转轨迹上总保持相同的角度。

"均匀"选项：选中该选项后缩放的数值框中只有一个允许输入，这样可以保证对象只发生体积变化而不发生变形。

"预览"按钮：单击该按钮后可以将设置的阵列参数在视图中进行预览。

1.7 捕捉工具

1.7.1 【操作目的】

捕捉工具是功能很强的建模工具，熟练使用该工具可以极大地提高工作效率。下面介绍使用捕捉工具制作田字形窗格，如图 1-77 所示。

图 1-77

1.7.2 【操作步骤】

步骤 1 在场景中创建长方体,在"参数"卷展栏中设置"长度"为22、"宽度"为350、"高度" 为8,如图 1-78 所示。

步骤 2 在场景中移动复制出模型,设置其"长度"为22、"宽度"为8、"高度"为400,如图 1-79 所示。

图 1-78

图 1-79

步骤 3 在工具栏中用鼠标右击 （捕捉开关）按钮,在弹出的"栅格和捕捉设置"对话框中 勾选"顶点"选项,如图 1-80 所示。

步骤 4 在场景中通过捕捉顶点移动模型,如图 1-81 所示。

图 1-80

图 1-81

步骤 5 在场景中使用顶点捕捉复制并调整模型，如图 1-82 所示。

步骤 6 继续复制并调整模型，如图 1-83 所示。

图 1-82

图 1-83

步骤 7 关闭捕捉，并在场景中移动复制模型，如图 1-84 所示。

步骤 8 在工具栏中单击（角度捕捉）按钮，使用（选择并旋转）工具，按住 Shift 键，旋转复制模型，如图 1-85 所示。

图 1-84

图 1-85

步骤 9 在场景中调整模型的参数，完成窗格的制作。

1.7.3 【相关工具】

在上面的实例中可以延伸出以下的集中复制工具。

1. 三种捕捉工具

捕捉方式分为 3 类，即位置捕捉工具（3D 捕捉）、角度捕捉工具（角度捕捉切换）和百分比捕捉工具（百分比捕捉切换）。最常用的是位置捕捉工具，角度捕捉工具主要用于旋转物体，百分比捕捉工具主要用于缩放物体。

2. 位置捕捉

用于在三维空间中锁定需要的位置，以便进行旋转、创建、编辑、修改等操作。在创建和变换对象或子对象时，可以帮助制作者捕捉几何体的特定部分。同时，还可以捕捉栅、切线、中点、轴心点、面中心等其他选项。

开启捕捉工具（关闭动画设置）后，旋转和缩放命令执行在捕捉点周围。例如，开启顶点捕捉对一个立方体进行旋转操作，在使用变换坐标中心的情况下，可以使用捕捉让物体围绕自身顶点进行旋转。当动画设置开启后，无论是旋转或缩放命令，捕捉工具都无效，对象只能围绕自身轴心进行旋转或缩放。捕捉分为相对捕捉和绝对捕捉。

关于捕捉设置，系统提供了3个空间，包括二维、二点五维和三维，它们的按钮包含在一起，在其上按下鼠标左键不放即可以进行切换旋转。在其按钮上按下鼠标右键，可以调出"栅格和捕捉设置"对话框，如图 1-86 所示。在对话框中可以选择捕捉的类型，还可以控制捕捉的灵敏度，如果捕捉到了对象，会以蓝色显示（这里可以更改）一个 15 像素的方格以及相应的线。

3. 角度捕捉

（角度捕捉切换）用于设置进行旋转操作时的角度间隔，不打开角度捕捉对于细微调节有帮助，但对于整角度的旋转就很不方便，而事实上经常要进行如 90°、180° 等整角度的旋转，这时打开角度捕捉按钮，系统会以 5° 作为角度的变换间隔进行调整角度的旋转。在其上单击鼠标右键可以调出"栅格与捕捉设置"对话框，在"选项"选项卡中，可以通过对"角度"值的设置，设置角度捕捉的间隔角度，如图 1-87 所示。

图 1-86

图 1-87

4. 百分比捕捉

（百分比捕捉切换）用于设置缩放或挤压操作时的百分比间隔，如果不打开百分比捕捉，系统会以 1% 作为缩放的比例间隔。如果要调整比例间隔，在其上单击鼠标右键，在弹出的"栅格和捕捉设置"对话框中单击"选项"选项卡，通过对"百分比"值的设置缩放捕捉的比例间隔，默认设置为 10%。

5. 捕捉工具的参数设置

在 （3D 捕捉）按钮上右击，打开"栅格和捕捉设置"对话框。

（1）打开"捕捉"选项卡，如图 1-88 所示。

"栅格点"选项：捕捉到栅格交点。默认情况下，此捕捉类型处于启用状态，快捷键为 Alt+F5。

"栅格线"选项：捕捉到栅格线上的任何点。

"轴心"选项：捕捉到对象的轴点。

"边界框"选项：捕捉到对象边界框的8个角中的1个。

"垂足"选项：捕捉到样条线上与上一个点相对的垂直点。

"切线"选项：捕捉到样条线上与上一个点相对的相切点。

"顶点"选项：捕捉到网格对象或可以转换为可编辑网格对象的顶点，捕捉到样条线上的分段，快捷键为Alt+F7。

"端点"选项：捕捉到网格边的端点或样条线的顶点。

"边/线段"选项：捕捉沿着边（可见或不可见）或样条线分段的任何位置，快捷键为Alt+F9。

"中点"选项：捕捉到网格边的中点和样条线分段的中点，快捷键为Alt+F8。

"面"选项：捕捉到面的曲面上的任何位置。如选择背面，此选项无效。快捷键为Alt+F10。

"中心面"选项：捕捉到三角形面的中心。

（2）打开"选项"选项卡，如图1-89所示。

图1-88

图1-89

"显示"选项：切换捕捉指针的显示。禁用该选项后，捕捉仍然起作用，但不显示。

"大小"参数：以像素为单位设置捕捉"击中"点的大小。这是一个小图标，表示源或目标捕捉点。

"颜色"：单击色样以显示"颜色选择器"，在其中可以设置捕捉显示的颜色。

"捕捉预览半径"参数：当光标与潜在捕捉到的点的距离在"捕捉预览半径"值和"捕捉半径"值之间时，捕捉标记跳到最近的潜在捕捉到的点，但不发生捕捉。默认设置是30像素。

"捕捉半径"参数：以像素为单位设置光标周围区域的大小，在该区域内捕捉将自动进行。默认设置为20像素。

"角度"参数：设置对象围绕指定轴旋转的增量（以度为单位）。

"百分比"参数：设置缩放变换的百分比增量。

"捕捉到冻结对象"选项：选中该选项后，启用捕捉到冻结对象，默认设置为禁用状态。该选项也位于"捕捉"快捷菜单中，按住Shift的同时右击任何视口可以进行访问，同时该选项也位于捕捉工具栏中。快捷键为Alt+F2。

"使用轴约束"选项：约束选定对象使其沿着在"轴约束"工具栏上指定的轴移动。禁用该选项后（默认设置）将忽略约束，并且可以将捕捉的对象平移为任何尺寸（假设使用3D捕捉）。该选项也位于"捕捉"快捷菜单中，按住Shift键的同时右击任何视口可以进行访问，同时该选项也位于捕捉工具栏中。快捷键为Alt+F3或Alt+D。

"显示橡皮筋"选项：当启用此选项并且移动一个选择时，在原始位置和鼠标位置之间显示橡皮筋线。当"显示橡皮筋"设置为启用时，使用该可视化辅助选项可使结果更精确。

（3）打开"主栅格"选项卡，如图1-90所示。

"栅格间距"参数：栅格间距指栅格最小方形的大小。使用微调器可调整间距（使用当前单位），或直接输入值。

"每 N 条栅格线有一条主线"参数：主栅格显示更暗的或"主"线以标记栅格方形的组。使用微调器调整该值，它是主线之间的方形栅格数，或直接输入该值，最小为 2。

"透视视图栅格范围"参数：设置透视视图中的主栅格大小。

"禁止低于栅格间距的栅格细分"选项：当在主栅格上放大时，3ds Max 将栅格视为一组固定的线。实际上，栅格在栅格间距设置处停止。如果保持缩放，固定栅格将从视图中丢失，不影响缩小。当缩小时，主栅格不确定扩展以保持主栅格细分。默认设置为启用。

"禁止透视视图栅格调整大小"选项：当放大或缩小时，3ds Max 将"透视"视口中的栅格视为一组固定的线。实际上，无论缩放多大多小，栅格将保持一个大小。默认设置为启用。

"动态更新"组：默认情况下，当更改"栅格间距"和"每 N 条栅格线有一条主线"参数的值时，只更新活动视口。完成更改值之后，其他视口才进行更新。选择"所有视口"选项可在更改值时更新所有视口。

（4）打开"用户栅格"选项卡，如图 1-91 所示。

"创建栅格时将其激活"选项：启用该选项可自动激活创建的栅格。

"世界空间"选项：将栅格与世界空间对齐。

"对象空间"选项：将栅格与对象空间对齐。

图 1-90

图 1-91

1.8 对齐工具

1.8.1 【操作目的】

使用对齐工具可以将物体进行设置、方向和比例的对齐，还可以进行法线对齐、放置高光、对齐摄影机、对齐视图等操作。对齐工具有实时调节、实时显示效果的功能。

1.8.2 【操作步骤】

在场景中创建长方体和茶壶，将茶壶放置到长方体的上方中心处。

步骤 1 在场景中选择创建的茶壶，如图 1-92 所示。

步骤 2 在工具栏中单击 ✅ （对齐）工具，在场景中拾取对齐目标，这里选择长方体，弹出如图 1-93 所示的对话框，从中勾选"Z 位置"选项，在"当前对象"和"目标对象"组中分别选择"最小"和"最大"选项，单击"应用"按钮，将茶壶放置到长方体的上方。

图 1-92

图 1-93

步骤 3 勾选"X 位置"和"Z 位置"选项，选择"当前对象"和"目标对象"组中的"中心"选项，单击"确定"按钮，如图 1-94 所示，将茶壶放置到长方体的中心。

图 1-94

1.8.3 【相关工具】

下面介绍"对齐当前选择"对话框中各个选项的功能，对话框如图 1-95 所示。

图 1-95

"X、Y、Z 位置"选项：指定要在其中执行对齐操作的一个或多个轴。启用所有 3 个选项可以将当前对象移动到目标对象位置。

"最小"选项：将具有最小 x、y、z 值的对象边界框上的点与其他对象上选定的点对齐。

"中心"选项：将对象边界框的中心与其他对象上的选定点对齐。

"轴点"选项：将对象的轴点与其他对象上的选定点对齐。

"最大"选项：将具有最大 x、y、z 值的对象边界框上的点与其他对象上选定的点对齐。

"对齐方向（局部）"组：用于设置在轴的任意组合上匹配两个对象之间的局部坐标系的方向。

"匹配比例"组：使用"X 轴"、"Y 轴"和"Z 轴"选项，可匹配两个选定对象之间的缩放轴值。该操作仅对变换输入中显示的缩放值进行匹配，不一定会导致两个对象的大小相同。如果两个对象先前都未进行缩放，则其大小不会更改。

1.9 撤销和重做命令

1.9.1 【操作目的】

"撤销"命令可取消对任何选定对象执行的上一次操作。"重做"命令可取消由"撤销"命令执行的上一次操作。在制作模型中"撤销"和"重做"命令是最为常用的命令。

1.9.2 【操作步骤】

要撤销最近一次操作，请执行以下操作。

（1）单击 ↶ （撤销）按钮，或选择"编辑 > 撤销"命令，或按 Ctrl+Z 组合键。

要撤销若干个操作，请执行以下操作。

步骤 1 右击 ↶ （撤销）按钮。

步骤 2 在列表中选择需要返回的层级。必须选择连续的选区，不能逃过列表中的项。

步骤 3 单击"撤销"按钮。

要重做一个操作，请执行下列操作。

（2）单击 ↷ （重做）按钮，或选择"编辑 → 重做"命令，或按 Ctrl+Y 组合键。

要重做若干个操作，请执行以下操作。

步骤 1 右击 ↷ （重做）按钮。

步骤 2 在列表中单击要恢复到的操作。必须选择连续的选区，不能逃过列表中的项。

步骤 3 单击"重做"按钮。

1.9.3 【相关工具】

撤销和重做可以使用工具栏中的 ↶ （撤销）按钮和 ↷ （重做）按钮，也可以在"编辑"菜单中选择。

1.10 物体的轴心控制

1.10.1 【操作目的】

轴心点用来定义对象在旋转和缩放时的中心点，使用不同的轴心点会对变换操作产生不同的效果。下面以一个几何体简易表来介绍物体的轴心控制，如图 1-96 所示。

图 1-96

1.10.2 【操作步骤】

步骤 1 在"前"视图中创建圆柱体，作为表的表盘，如图 1-97 所示，在"参数"卷展栏中设置"半径"为100、"高度"为 7，可以设置较多的"边数"，使模型变得平滑。

步骤 2 继续创建圆柱体，设置其"半径"为 13、"高度"为 15，如图 1-98 所示。

图 1-97

图 1-98

步骤 3 在场景中移动复制模型，并调整模型的位置。选择两个小圆柱体在工具栏中选择 （使用选择中心）工具，如图 1-99 所示。

步骤 4 选择 （选择并旋转）工具，在场景中按住 Shift 键，旋转复制模型，在弹出的对话框中选择"复制"选项，单击"确定"按钮，如图 1-100 所示。

步骤 5 在表盘的中心位置创建球体，如图 1-101 所示。

步骤 6 在"前"视图中创建长方体作为指针，如图 1-102 所示。

步骤 7 在工具栏中选择 （使用变换坐标中心）工具，在场景中旋转指针的角度，如图 1-103 所示。

图 1-99

图 1-100

图 1-101

图 1-102

图 1-103

1.10.3　【相关工具】

1. 使用轴心点

使用"使用中心"弹出按钮中的 （使用轴点中心）按钮，可以围绕其各自的轴点旋转或缩放一个或多个对象。

> **提 示** 变换中心模式的设置基于逐个变换，因此请先选择变换，然后再选择中心模式。如果不希望更改中心设置，请启用"自定义 > 首选项"，选择"常规"选项卡中的"参考坐标系 > 恒定"。

使用 ▣ （使用轴点中心）按钮，可将每个对象围绕其自身局部轴进行旋转。

2. 使用选择中心

使用"使用中心"弹出按钮中的 ▣ （使用选择中心）按钮，可以围绕其共同的几何中心旋转或缩放一个或多个对象。如果变换多个对象，该软件会计算所有对象的平均几何中心，并将此几何中心用作变换中心。

3. 使用变换坐标中心

使用"使用中心"弹出按钮中的 ▣ （使用变换坐标中心）按钮，可以围绕当前坐标系的中心旋转或缩放一个或多个对象。当使用"拾取"功能将其他对象指定为坐标系时，坐标中心是该对象轴的位置。

第2章 几何体的创建

在 3ds Max 9 中进行场景建模首先掌握的是基本模型的创建，通过一些简单模型的组合就可以制作一些比较复杂的三维模型。

课堂学习目标

- 了解基本几何体模型的案例分析和设计理念
- 掌握创建模型时配合使用的一些常用工具

2.1 户外座椅

2.1.1 【案例分析】

户外座椅代表一个城市的文明，并且给人们在户外活动时带来无限舒适、时尚的生活享受。

2.1.2 【设计理念】

通过简单的长方体间隔组合成座椅的面，以简单的圆柱体作为支架充分体现了时尚简单的户外休闲生活。(最终效果参看光盘中的 "Cha02 > 效果 > 户外座椅.max"，如图 2-1 所示。)

图 2-1

2.1.3 【操作步骤】

1. 座椅面

步骤 1 选择 "（创建）> （几何体）> 长方体" 工具，在 "顶" 视图中创建长方体，将其命名为 "座椅 01"，如图 2-2 所示。

图 2-2

步骤 2 在工具栏中选择" (选择并移动)"工具，在"顶"视图中选择长方体，按住 Shift 键沿 y 轴向上移动复制模型，在弹出的"克隆选项"对话框中设置"副本数"为 10，如图 2-3 所示，单击"确定"按钮，复制出的模型如图 2-4 所示。

图 2-3

图 2-4

2. 座椅支架

步骤 1 选择" (创建) >   (几何体) > 长方体"工具，在"顶"视图中创建长方体，将其命名为"座椅支架 01"，如图 2-5 所示。

步骤 2 使用" (选择并移动)"工具，在场景中按住 Shift 键沿 x 轴移动复制模型，并在场景中调整模型的位置，如图 2-6 所示。

图 2-5

图 2-6

步骤 3 选择" (创建) >   (几何体) > 圆柱体"工具，在"顶"视图中创建圆柱体，将其命名为"座椅支架 05"，如图 2-7 所示。

步骤 4 在工具栏中选择" (选择并旋转)"工具，在"前"视图中旋转模型的角度，如图 2-8 所示，在场景中调整模型的位置。

图 2-7

图 2-8

步骤 5 在场景中选择"座椅支架 05"，在工具栏中选择"（镜像）"工具，在弹出的"镜像：屏幕 坐标"对话框中设置"镜像轴"和"克隆当前选择"组中的选项，如图 2-9 所示。

步骤 6 在"顶"视图中创建圆柱体支架，并调整模型的位置，然后再对模型进行复制，如图 2-10 所示。接着单击"平面"按钮，在场景中创建平面作为地面，如图 2-11 所示。

图 2-9

图 2-10

图 2-11

2.1.4 【相关工具】

1. "长方体"工具

◎ 通过鼠标拖曳进行创建

选择"（创建）> （几何体）> 长方体"工具，在视图中任意位置按住鼠标左键拖曳出一个矩形面，如图 2-12 所示。

松开鼠标左键再次拖曳鼠标设置出长方体的高度，如图 2-13 所示，这是最常用的创建方法。

使用鼠标创建长方体，其参数不可能一次创建正确，此时可以在"参数"卷展栏中进行修改，如图 2-14 所示。

图 2-12

图 2-13

图 2-14

◎ 通过键盘输入精确尺寸创建

单击"长方体"按钮，在"键盘输入"卷展栏中输入长方体的长、宽、高的值，如图 2-15 所示，单击"创建"按钮，结束长方体的创建，如图 2-16 所示。

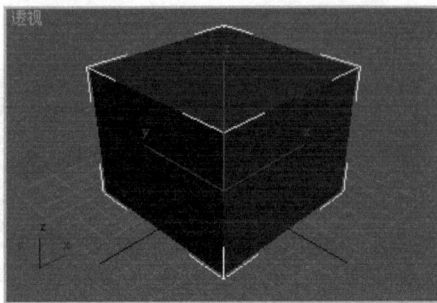

图 2-15   图 2-16

2. "圆柱体"工具

单击"圆柱体"按钮，在场景中创建圆柱体，如图 2-17 所示。

展开"参数"卷展栏，参数设置和效果如图 2-18 所示。

图 2-17   图 2-18

提示 通过调整模型的分段可以设置模型的平滑程度，分段越高越平滑。

3. "平面"工具

"平面"一般在工业设计时作为地面来衬托物体的效果，其创建方法就是按住鼠标左键拖曳，创建出的平面如图 2-19 所示。

图 2-19

2.1.5 【实战演练】创建茶几

使用圆柱体制作茶几面、茶几底座和茶几支柱。(最终效果参看光盘中的"Cha02 > 效果 > 茶几.max",如图 2-20 所示。)

图 2-20

2.2 / 时尚圆桌

2.2.1 【案例分析】

据说亚瑟王命人制作了一张大圆桌,使贵族们在就座时免于尊卑高下之争。在和平民主的现代生活中圆桌的存在就着重在装饰装修和实用方面了,本案例将制作一个现代时尚的圆桌效果。

2.2.2 【设计理念】

圆形的桌面配合圆环的支架体现出圆桌的弧形柔美,使用圆锥体制作的支架犹如将要融到地面的雨滴,这样的设计主要是给人们营造轻松的氛围。(最终效果参看光盘中的"Cha02 > 效果 > 时尚圆桌.max",如图 2-21 所示。)

图 2-21

2.2.3 【操作步骤】

步骤 1 选择"🔧（创建）> ⚪（几何体）> 圆柱体"工具，在"顶"视图中创建圆柱体，并将其命名为"桌面 01"，如图 2-22 所示。

图 2-22

步骤 2 选择"圆锥体"工具，在"顶"视图中创建圆锥体，将其命名为"锥体支架"，如图 2-23 所示。

图 2-23

步骤 3 选择"管状体"，在"顶"视图中创建模型，将其命名为"管状支架"，如图 2-24 所示。

步骤 4 选择"圆柱体"，在"顶"视图中创建模型，将其命名为"圆柱支架 01"，如图 2-25 所示。

图 2-24

图 2-25

步骤 5 复制并调整圆柱体的参数完成单个圆桌支架，如图 2-26 所示。

步骤 6 在场景中选择圆桌支架，单击"🔧（层次）"命令面板，单击"调整轴"卷展栏中的"仅影响轴"按钮，在"顶"视图中调整轴的位置，如图 2-27 所示。

步骤 7 在菜单栏中选择"工具>阵列"命令，在弹出的对话框中设置参数，如图 2-28 所示，单击"确定"按钮。

步骤 8 阵列后的模型效果如图 2-29 所示。

步骤 9 接着在圆柱体与圆环的连接位置创建球体，并将其命名"球体装饰 01"，如图 2-30 所示。

步骤 10 复制球体装饰，并创建"平面"作为地面，如图 2-31 所示。

图 2-26

图 2-27

图 2-28

图 2-29

图 2-30

图 2-31

2.2.4 【相关工具】

1. "圆锥体"工具

选择"圆锥体"工具，在场景中拖曳鼠标创建圆锥的"半径 1"，如图 2-32 所示。松开鼠标左键再次拖曳鼠标设置圆锥体的高度，如图 2-33 所示。拖曳鼠标设置圆锥的"半径 2"，如图 2-34 所示。

图 2-32

图 2-33

图 2-34

在"参数"面板中设置参数如图 2-35 所示。

2. "圆环"工具

拖曳鼠标确定"半径 1"，松开鼠标并移动鼠标设置"半径 2"，完成圆环的创建，如图 2-36 所示。

设置圆环的参数效果如图 2-37 所示。

图 2-35

图 2-36

图 2-37

2.2.5　【实战演练】创建壁灯

使用球体工具创建灯的模型，使用圆锥体工具创建灯的底座，再使用圆柱体和切角圆柱体工具创建支架，即可完成壁灯的制作。（最终效果参看光盘中的"Cha02 > 效果 > 商务壁灯.max"，如图 2-38 所示。）

图 2-38

2.3　餐桌

2.3.1　【案例分析】

餐桌即专供吃饭用的桌子，餐桌的形状对家居的氛围有一些影响，长方体的餐桌代表朴实、大气。本案例将制作木质的餐桌，主要体现健康、环保的设计理念。

2.3.2 【设计理念】

通过使用切角长方体工具创建桌面、使用圆锥体工具创建桌腿、使用四棱锥工具创建桌腿装饰，体现了模型刚柔的结合。（最终效果参看光盘中的"Cha02 > 效果 > 餐桌.max"，如图 2-39 所示。）

图 2-39

2.3.3 【操作步骤】

步骤 1 选择"（创建）>（几何体）> 扩展基本体 > 切角长方体"工具，在"顶"视图中创建切角长方体，将其命名为"桌面"，如图 2-40 所示。

图 2-40

步骤 2 选择"（创建）>（几何体）> 标准基本体 > 圆锥体"工具，在"顶"视图中创建圆锥体，并将其命名为"桌腿 01"，在场景中调整其位置，如图 2-41 所示。

图 2-41

步骤 3 选择"（创建）>（几何体）> 标准基本体 > 四棱锥"工具，在"顶"视图中创建模型，并将其命名为"桌腿装饰 01"，如图 2-42 所示在场景中调整模型的位置。

图 2-42

步骤 4 在"顶"视图中选择"桌腿装饰 01",切换到"（层次）"命令面板，单击"仅影响轴"按钮，在场景中调整轴的位置，如图 2-43 所示，关闭"仅影响轴"按钮。

图 2-43

步骤 5 在菜单栏中选择"工具 > 阵列"命令，在弹出的对话框中设置参数，如图 2-44 所示，单击"确定"按钮，阵列后的模型如图 2-45 所示。

图 2-44

图 2-45

步骤 6 阵列桌腿装饰后复制桌腿，如图 2-46 所示。

图 2-46

2.3.4 【相关工具】

1. "切角长方体"工具

切角长方体与长方体的区别在于它可以设置圆角。

选择"（创建）>（几何体）>扩展基本体 > 切角长方体"工具，在场景中拖曳鼠标创建出切角长方体的长和宽，如图 2-47 所示。松开鼠标左键再次拖曳鼠标设置切角长方体的高度，单击鼠标确定高度如图 2-48 所示，移动鼠标设置切角长方体的圆角，再次单击鼠标结束创建，如图 2-49 所示。

在切角长方体的"参数"面板中，通过设置"圆角分段"可以设置圆角的平滑程度，如图 2-50所示。

图 2-47

图 2-48

图 2-49

图 2-50

2. "四棱锥"工具

选择"（创建）>（几何体）> 标准基本体 > 四棱锥"工具，在场景中拖曳鼠标绘制四棱锥的长和宽，如图 2-51 所示。松开鼠标左键再次拖曳鼠标设置四棱锥的高度，如图 2-52 所示。

图 2-51

图 2-52

2.3.5 【实战演练】创建中式长板凳

使用切角长方体、圆柱体和长方体工具创建中式长板凳，板凳腿是利用"编辑网格"修改器来完成的效果，"编辑网格"修改器将在后续章节中介绍。（最终效果参看光盘中的"Cha02 > 效果 > 中式长板凳.max"，如图 2-53 所示。）

图 2-53

2.4 / 吸顶灯

2.4.1 【案例分析】

吸顶灯安装在房间内部，由于灯具上比较平，紧靠屋顶安装，所以称之为吸顶灯。本案例介绍公共场所中使用的吸顶灯。

2.4.2 【设计理念】

通过使用管状体工具来制作灯罩，使吸顶灯既符合公共场所的要求，又增加了一些现代气息。（最终效果参看光盘中的"Cha02 > 效果 > 吸顶灯.max"，如图 2-54 所示。）

图 2-54

2.4.3 【操作步骤】

步骤 1 选择 "（创建）> （几何体）> 标注基本体 > 圆柱体" 工具，在 "顶" 视图中创建 3 个参数不一的模型，并分别为其命名为 "灯底座 01~03"，如图 2-55 所示。

图 2-55

步骤 2 选择 "管状体" 工具，在 "顶" 视图中创建参数不一的管状体，并分别将其命名为 "灯罩 01~03"，在场景中调整模型的位置，如图 2-56 所示。

图 2-56

步骤 3 选择 "（创建）> （几何体）>扩展基本体>胶囊" 工具，在 "顶" 视图中创建两个胶囊模型，较大的模型命名为 "灯外壳"，较小的模型命名为 "灯"，并在场景中调整模型的位置，如图 2-57 所示。

步骤 4 选择 "（创建）> （几何体）>标注基本体>圆柱体" 工具，在 "顶" 视图中创建模型，并将其命名为 "支架"，如图 2-58 所示。

图 2-57

图 2-58

2.4.4 【相关工具】

1. "管状体" 工具

选择 "（创建）> （几何体）> 标准基本体 > 管状体" 工具，在场景中拖曳鼠标创建出管状体的 "半径 1"，再次拖曳鼠标创建出管状体的 "半径 2"，拖曳鼠标设置管状体的高，然后单击鼠标完成管状体的创建，如图 2-59 所示。

图 2-59

2. "胶囊"工具

选择"　（创建）> 　（几何体）> 扩展基本体 > 胶囊"工具，在场景中拖曳鼠标创建胶囊球体半径，松开鼠标左键再次拖曳鼠标创建胶囊的高，如图 2-60 所示。

图 2-60

2.4.5 【实战演练】创建草坪灯

使用胶囊工具创建草坪灯的主体，结合使用"编辑网格"修改器，删除不需要的部分。使用圆柱体工具创建灯以及护灯支架，使用切角圆柱体工具创建灯支架两端的灯槽。（最终效果参看光盘中的"Cha02 > 效果 > 草坪灯.max"，如图 2-61 所示。）

图 2-61

2.5 综合演练——创建办公柜

使用长方体工具创建办公柜的框架以及抽屉和橱子门,使用切角圆柱体工具创建把手。(最终效果参看光盘中的"Cha02 > 效果 > 办公柜.max",如图 2-62 所示。)

图 2-62

2.6 综合演练——创建会议桌

使用切角长方体和切角圆柱体工具创建会议桌的桌面,然后使用切角长方体工具创建会议桌的桌腿,使用圆柱体工具创建金属装饰,使用矩形工具并结合使用编辑样条线和挤出修改器创建会议桌的下围。(最终效果参看光盘中的"Cha02 > 效果 > 会议桌.max",如图 2-63 所示。)

图 2-63

第3章 二维图形的创建

在三维世界中，有些复杂的三维造型不能被分解成简单的基本几何体，而往往需要先创建二维曲线，再通过各种编辑命令生成三维物体。

在三维物体的制作过程中，用二维曲线生成三维物体的方法比用三维物体经编辑建模使用更频繁。

课堂学习目标

- 了解二维图形的创建
- 掌握二维图形的编辑

3.1 中式花窗

3.1.1 【案例分析】

中国传统的室内设计融合了庄重与优雅双重气质。门窗对确定中式风格很重要，因中式门窗一般采用榫子做成方格或其他中式的传统图案，用实木雕刻成各式题材造型，富有立体感。

3.1.2 【设计理念】

通过创建可渲染的矩形和线模拟制作中式雕刻的图案，充分体现中式风格的庄重效果。（最终效果参看光盘中的"Cha03 > 效果 > 中式花窗.max"，如图3-1所示。）

图3-1

3.1.3 【操作步骤】

步骤 [1] 选择"（创建）>（图形）> 矩形"工具，在"前"视图中创建矩形，在"参数"面板中设置参数，在"渲染"卷展栏中勾选"在渲染中启用"和"在视口中启用"选项，并设置渲染参数，将其命名为"窗花 01"，如图 3-2 所示。

步骤 [2] 复制并调整矩形参数和位置，如图 3-3 所示。

步骤 [3] 选择"（创建）>（图形）> 线"工具，在"前"视图中创建线，并设置其渲染，将其命名为"线窗花 01"，如图 3-4 所示。

图 3-2

图 3-3

步骤 [4] 复制"线窗花"并在场景中调整线的位置，然后切换到"（修改）"命令面板，将当前选择集定义为"顶点"，在"前"视图中调整顶点的位置，如图 3-5 所示，将选择集取消选择，复制并调整线。

图 3-4

图 3-5

步骤 [5] 选择"（创建）>（图形）> 线"工具，在"前"视图中依次单击鼠标创建样条线，创建出形状后单击鼠标右键，结束创建样条线，将其命名为"窗花多段线 01"，如图 3-6 所示。

步骤 [6] 在场景中复制"窗花多段线"，切换到"（修改）"命令面板，在场景中调整样条线的形状，如图 3-7 所示，取消选择集。

步骤 [7] 在场景中复制模型，如图 3-8 所示。

图 3-6 图 3-7 图 3-8

3.1.4 【相关工具】

1. "线"工具

◎ 创建样样条线

选择" （创建）> （图形）> 线"工具，在场景中单击创建一点如图 3-9 所示，移动鼠标单击创建第 2 个点，如图 3-10 所示，如果要创建闭合图形，可以移动鼠标到第 1 个顶点上单击，弹出如图 3-11 所示的对话框，单击"是"即可创建闭合的样条线。

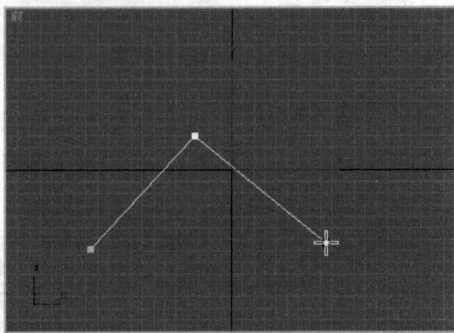

图 3-9 图 3-10

选择"线"工具，在场景中单击并拖曳鼠标绘制出的就是一条弧形线，如图 3-12 所示。

图 3-11 图 3-12

◎ 通过修改面板修改图形的形状

使用"线"工具创建了闭合图形后，切换到" （修改）"命令面板，将当前选择集定义为

"顶点",通过顶点可以改变图形的形状,如图 3-13 所示。

在选择的顶点上右击,弹出如图 3-14 所示的快捷菜单,从中可以选择顶点的调节方式。

图 3-15 所示选择了"Berier 角点"命令,"Berier 角点"有两个控制手柄,可以分别调整两个控制手柄来调整两边线段的弧度,如图 3-15 所示。

图 3-13   图 3-14   图 3-15

图 3-16 所示选择了"Bezier"命令,同样"Bezier"也有两个控制手柄,不过两个控制手柄是相互关联的。

图 3-17 所示选择了"平滑"命令。

 提 示 调整图形的形状后图形不是很平滑,可以在"差值"卷展栏中设置"步数"来进一步调整图形。

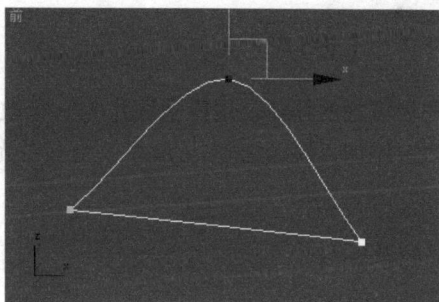

图 3-16   图 3-17

2. "矩形"工具

矩形的创建方法非常简单,选择" (创建) > (图形)>矩形"工具,在场景中单击并拖曳鼠标创建出矩形,松开鼠标完成矩形的创建。

3.1.5 【实战演练】创建中式吊灯

使用球体工具创建吊灯的灯罩,使用圆形工具创建了灯罩的装饰线,使用管状体工具创建灯罩的底部。使用线工具创建吊灯的线,这样使用简单的模型组合就完成了中式吊灯的制作。(最终效果参看光盘中的"Cha03 > 效果 > 中式吊灯.max",如图 3-18 所示。)

图 3-18

3.2 垃圾桶

3.2.1 【案例分析】

垃圾桶是一种专门盛放垃圾的容器，它可以使人们的生活环境变得干净、整洁。垃圾桶广泛应用于商业区域、办公楼宇、医疗组织等各类场合，一个合适的垃圾桶会美化一个场合。

3.2.2 【设计理念】

在垃圾桶的外侧使用样条线作为一个敞口的装饰，可以使纸团类垃圾以投篮的方式进入，为生活中添加点娱乐色彩。（最终效果参看光盘中的"Cha03 > 效果 > 垃圾桶.max"，如图 3-19 所示。）

图 3-19

3.2.3 【操作步骤】

步骤 1 选择"（创建）>（几何体）> 圆柱体"工具，在"顶"视图中创建圆柱体，并将其命名为"垃圾桶底座 01"，如图 3-20 所示。

步骤 2 选择"管状体"工具，在"顶"视图中创建管状体，将其命名为"筒"，如图 3-21 所示。

图 3-20

图 3-21

步骤 3 复制并调整"筒"模型，如图 3-22 所示。

步骤 4 选择"（创建）>（图形）> 线"工具，在"前"视图中创建样条线，并设置其渲染，将其命名为"线 01"，如图 3-23 所示。

图 3-22

图 3-23

步骤 5 在"顶"视图中选择"线 01"对象，切换到"（层次）"命令面板，单击"仅影响轴"按钮，在"顶"视图中调整轴的位置，如图 3-24 所示，关闭"仅影响轴"按钮。

步骤 6 在菜单栏中选择"工具 > 阵列"命令，在弹出的对话框中设置参数，如图 3-25 所示。

步骤 7 阵列后的效果如图 3-26 所示。

图 3-24

图 3-25

图 3-26

步骤 8 选择"（创建）>（图形）> 圆"工具，在"顶"视图中创建圆，并设置其渲染，如图 3-27 所示，调整其位置。

步骤 ⑨ 选择 " � （创建）> � （几何体）> 管状体" 工具，在 "顶" 视图中创建管状体，并将其命名为 "装饰 01"，如图 3-28 所示。

图 3-27

图 3-28

步骤 ⑩ 使用 "球体" 工具在场景中作为 "装饰 01" 上的装饰球，并对其进行复制，如图 3-29 所示。

步骤 ⑪ 复制装饰模型，如图 3-30 所示。

图 3-29

图 3-30

3.2.4　【相关工具】"圆" 工具

选择 "圆" 工具，在场景中单击拖曳鼠标创建出圆的半径，单击鼠标完成圆的创建，如图 3-31 所示。

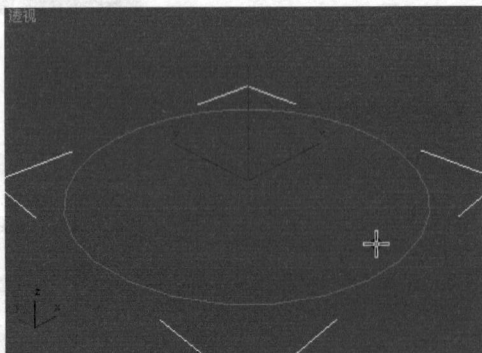

图 3-31

3.2.5　【实战演练】创建吧椅

使用切角圆柱体工具创建吧椅的底座、座椅及靠背，使用线工具创建支架，使用圆工具创建脚蹬模型，简单的造型带着时尚的气息。（最终效果参看光盘中的 "Cha03 > 效果 > 吧椅.max"，如图 3-32 所示。）

图 3-32

3.3　卡通挂表

3.3.1　【案例分析】

表是一种计时的工具，时尚独特的卡通表不仅用来计时，而且还有对房间进行装饰的效果。

3.3.2　【设计理念】

使用圆环工具创建挂表的边，使用螺旋线工具创建表的底盘，使用弧工具创建装饰，使用线和星形工具创建指针，简单的制作不失时尚的效果。（最终效果参看光盘中的"Cha03 > 效果 > 卡通挂表.max"，如图 3-33 所示。）

图 3-33

3.3.3 【操作步骤】

步骤 1 选择"（创建）>（图形）>圆环"工具，在"前"视图中创建圆环，设置其渲染，并将其命名为"圆环边"，如图 3-34 所示。

步骤 2 单击名称右侧的色块，在弹出的"对象颜色"对话框中单击"当前颜色"色块，在弹出的"颜色选择器"对话框中设置颜色，如图 3-35 所示。

图 3-34

图 3-35

步骤 3 选择"螺旋线"工具，在"前"视图中创建螺旋线，设置其参数和渲染，如图 3-36 所示。

步骤 4 选择"弧"工具，在场景中创建弧，在场景中复制并调整模型，如图 3-37 所示。

图 3-36

图 3-37

步骤 5 选择"文本"工具，在场景中单击创建文本，并在"参数"卷展栏中设置参数，如图 3-38 所示。

步骤 6 在场景中选择创建的文本，切换到"（层次）"命令面板，单击"仅影响轴"按钮，在场景中调整轴的位置，如图 3-39 所示，关闭"仅影响轴"按钮。

步骤 7 在菜单栏中选择"工具 > 阵列"命令，在弹出的对话框中设置参数，如图 3-40 所示。

步骤 8 阵列后的效果如图 3-41 所示，并在场景中设置文本的颜色。

图 3-38

图 3-39

图 3-40

图 3-41

步骤 9 利用"球体"工具创建指针中间的轴，并使用"线"工具创建指针，选择"星形"工具在"前"视图中创建星形，并设置其参数和渲染，如图 3-42 所示。

步骤 10 完成后的模型如图 3-43 所示。

图 3-42

图 3-43

3.3.4 【相关工具】

1."圆环"工具

选择"　（创建）>　（图形）> 圆环"工具，在场景中拖曳鼠标创建圆环的"半径 1"，如图 3-44 所示，再次拖曳鼠标设置圆环的"半径 2"，单击鼠标完成圆环的创建，如图 3-45 所示。

图 3-44 　　　　　　　　　　　图 3-45

2. "弧"工具

选择"（创建）>（图形）> 弧"工具，在场景中单击鼠标创建"从"，拖曳鼠标创建"到"，移动鼠标创建"半径"，如图 3-46 所示。

3. "螺旋线"工具

选择"（创建）>（图形）> 螺旋线"工具，在场景中单击拖曳鼠标创建弧的"半径 1"，如图 3-47 所示。松开并移动鼠标创建弧的"高度"，如图 3-48 所示。拖曳鼠标创建"半径 2"，如图 3-49 所示。

图 3-46 　　　　　　　　　　　图 3-47

图 3-48 　　　　　　　　　　　图 3-49

4. "文本"工具

选择"（创建）>（图形）> 文本"工具，在场景中单击鼠标创建文本，在"参数"卷展栏中设置设置文本参数，如图 3-50 所示。

5. "星形"工具

选择"（创建）>（图形）> 星形"工具，在场景中拖曳鼠标创建星形"半径 1"，再次拖曳鼠标设置"半径 2"，在"参数"卷展栏中可以设置星形参数，如图 3-51 所示。

图 3-50

图 3-51

3.3.5 【实战演练】创建螺丝

螺丝的制作主要使用多边形工具创建螺丝的头部，并施加了"倒角"修改器设置的厚度。创建圆柱体制作螺丝，设置螺旋线的参数完成螺丝的纹理。（最终效果参看光盘中的"Cha03 > 效果 > 螺丝.max"，如图 3-52 所示。）

图 3-52

3.4 综合演练——创建欧式床

创建样条线制作欧式床头的铁艺，创建长方体为床板，使用切角长方体工具创建床垫，使用切角长方体工具创建枕头，并结合使用"编辑网格"修改器。（最终效果参看光盘中的"Cha03 > 效果 > 欧式床.max"，如图 3-53 所示。）

图 3-53

3.5 综合演练——创建现代落地灯

创建圆柱体制作反射光的灯罩。使用线工具创建支架，使用圆柱体工具创建灯，使用长方体工具制作灯座。（最终效果参看光盘中的"Cha03 > 效果 > 现代落地灯.max"，如图 3-54 所示。）

图 3-54

第4章 三维模型的创建

现实中的物体造型是千变万化的，很多模型都需要对创建的基本几何体或图形修改后才能达到理想的状态，3ds Max 9 提供了很多三维修改命令，通过这些修改命令可以创建几乎所有模型。

课堂学习目标

- 了解二维图形转换为三维模型的常用修改器
- 掌握常用的编辑三维模型的修改器

4.1 办公桌

4.1.1 【案例分析】

办公桌是办公室不可缺少的组成部分，所以办公家具直接影响整个办公环境的氛围。

4.1.2 【设计理念】

创建基本图形后使用"挤出"、"切角"等工具设置出图形的厚度，然后通过几何体组装来完成办公桌的效果。（最终效果参看光盘中的"Cha04 > 效果 > 办公桌.max"，如图 4-1 所示。）

图 4-1

4.1.3 【操作步骤】

步骤 1 选择"（创建）>（图形）> 矩形"工具，在"左"视图中创建矩形，在"参数"卷展栏中设置"长度"为22、"宽度"为350、"角半径"为5，并将其命名为"桌面"，如图4-2所示。

步骤 2 切换到"（修改）"命令面板，在"修改器列表"中选择"挤出"修改器，在"参数"卷展栏中设置"数量"为1100，如图4-3所示。

步骤 3 选择"（创建）>（图形）> 线"工具，在"左"视图中创建线，将其命名为"支架"，如图4-4所示。

图 4-2　　　　　　　　　图 4-3

步骤 4 切换到"（修改）"命令面板，将当前选择集定义为"顶点"，在"几何体"卷展栏中单击"优化"按钮，在如图4-5所示的位置优化顶点，然后关闭"优化"按钮。

图 4-4　　　　　　　　　图 4-5

步骤 5 在场景中调整样条线的形状，如图4-6所示。

步骤 6 将当前选择集定义为"样条线"，在"几何体"卷展栏中设置"轮廓"参数为20，按Enter键确定设置轮廓，如图4-7所示，然后关闭选择集。

步骤 7 在"修改器列表"中选择"挤出"修改器，在"参数"卷展栏中设置"数量"为1000，并在场景中调整模型的位置，如图4-8所示。

步骤 8 选择"（创建）>（几何体）> 圆柱体"工具，在"顶"视图中创建圆柱体，在

"参数"卷展栏中设置"半径"为 13、"高度"为 40，设置"高度分段"为 1，将其命名为"圆柱支架 01"，如图 4-9 所示，在场景中调整模型的位置。

图 4-6

图 4-7

图 4-8

图 4-9

步骤 9 选择 " (创建) > (图形) > 弧"工具，在"左"视图中创建弧，在"参数"卷展栏中设置"半径"为 450、"从"为 65、"到"为 116，如图 4-10 所示。

步骤 10 切换到 " (修改)"命令面板，在"修改器列表"中选择"编辑样条线"修改器，将选择集定义为"样条线"，在场景中选择样条线，在"几何体"卷展栏中单击"轮廓"按钮，在场景中设置样条线的轮廓后关闭"轮廓"按钮，如图 4-11 所示。

图 4-10

图 4-11

中等职业教育数字艺术类规划教材

步骤 11 将选择集定义为"顶点",在场景中调整图形的形状,如图 4-12 所示。

步骤 12 关闭选择集,在"修改器列表"中选择"倒角"修改器,在"倒角值"卷展栏中设置"级别 1"的"高度"为5、"轮廓"为10;勾选"级别 2",设置其"高度"为30;勾选"级别 3",设置其"高度"为5、"轮廓"为-10,并在场景中调整模型的位置,如图 4-13 所示。

图 4-12

图 4-13

步骤 13 选择"（创建）>（几何体）>扩展基本体>切角圆柱体"工具,在"左"视图中创建模型,在"参数"卷展栏中设置"半径"为25、"高度"为50、"圆角"为6,并将其命名为"轱辘01",如图 4-14 所示。

步骤 14 在场景中复制模型,如图 4-15 所示。

图 4-14

图 4-15

4.1.4 【相关工具】

1. "编辑样条线"修改器

3ds Max 9 提供的"编辑样条线"命令可以很方便地调整曲线,把一个简单的曲线变成复杂的曲线。如果是用线工具创建的曲线或图形,它本身就具有编辑样条线的所有功能,除了该工具创建的以外,所有二维曲线想要编辑样条线有如下两种方法。

方法一:在"修改器列表"中选择"编辑样条线"修改器。

方法二：在创建的图形上单击鼠标右键，在弹出的快捷菜单中选择"转换为>转换为可编辑样条线"命令。

编辑样条线命令可以对曲线的"顶点"、"线段"和"样条线"3个子物体进行编辑，在"几何体"卷展栏中根据不同子物体将有相应的编辑功能，下面介绍在任意子物体时都可以使用的功能。

"创建线"按钮：可以在当前二维曲线的基础上创建新的曲线，被创建出的曲线与操作之前所选择的曲线结合在一起。

"附加"按钮：可以将操作之后选择的曲线结合到操作之前所选择的曲线中，勾选"重定向"复选框可以将操作之后所选择的曲线移动到操作之前所选择的曲线位置。

"附加多个"按钮：单击"附加多个"按钮，打开"附加多个"对话框，可以将场景中所有二维曲线结合到当前选中的二维曲线中。

"插入"按钮：可以在选择的线条中插入新的点，不断单击鼠标左键便不断插入新点，单击鼠标右键即可停止插入，但插入的点会改变曲线的形态。

◎顶点

在"顶点"子物体选择集的编辑状态下"几何体"卷展栏中有一些针对该物体的编辑功能，大部分比较常用需要熟练掌握，如图 4-16 所示。

"断开"按钮：可以将选择顶点端点打断，原来由该端点连接的线条在此处断开，产生两个顶点。

"优化"按钮：可以在选择的线条中需要加点处加入新的点，且不会改变曲线的形状，此操作常用来圆滑局部曲线。

图 4-16

"焊接"按钮：可以将两个或多个顶点进行焊接，该功能只能焊接开放性的顶点，焊接的范围由该按钮后面的数值决定。

"连接"按钮：可以将两个顶点进行连接，在两个顶点中间生成一条新的连接线。

"圆角"按钮：可以将选中的顶点进行圆角处理，选中顶点后通过该按钮后面的数值框来圆角，如图 4-17 所示。

图 4-17

"切角"按钮：可以将选中的顶点进行切角处理，如图 4-18 所示。

图 4-18

◎ 线段

在修改器堆栈中选择"线段"子物体，在"几何体"卷展栏中有两个编辑功能针对该子物体，如图 4-19 所示，下面介绍常用的几种工具。

图 4-19

"拆分"按钮：可在所选择的线段中插入相应的等分点等分所选的线段，其插入点的个数可在该按钮之后的数值中进行输入。

"分离"按钮：可以将选择的线段分离出去，成为一个独立的图形实体，该按钮之后的"同一图形"、"重定向"和"复制"3 个复选框，可以控制分离操作时的具体情况。

◎ 样条线

在修改器堆栈中选择"样条线"子物体，其"几何体"卷展栏如图 4-20 所示，下面介绍常用的几个工具。

图 4-20

CHAPTER 4

"轮廓"按钮：可以将所选择的曲线进行双线勾边以形成轮廓，如果选择的曲线为非封闭曲线，则系统在加轮廓时会自动进行封闭。

"布尔"按钮：可以将经过结合操作的多条曲线进行运算，其中有"（并集）"、"（差集）"和"（交集）"运算按钮。进行布尔运算必须在同一个二维曲线之内进行，选择要留下的样条线，选择运算后单击该按钮，在视图中单击想要运算掉的样条线即可完成。

如图 4-21 所示的图形，图 4-22 所示为"并集"后的效果，图 4-23 所示为"差集"后的效果，图 4-24 所示为"交集"后的效果。

图 4-21

图 4-22

图 4-23

图 4-24

"修剪"按钮：可以将经过结合操作的多条相交样条线进行修剪。

2. "挤出"修改器

"挤出"修改器可以沿垂直于二维形体表面的方向为二维图形增加厚度。

3. "倒角"修改器

"倒角"修改器是"拉伸"命令的延伸，它可以在拉伸出来的三维物体边缘产生一个倒角效果。

 提 示 "倒角"修改器一般用于制作三维立体文字模型。

4.1.5 【实战演练】创建办公椅

使用可渲染的样条线创建办公椅的支架，创建样条线通过挤出修改器制作靠背和坐垫，完成现代办公椅的制作。（最终效果参看光盘中的"Cha04 > 效果 > 办公椅.max"，如图 4-25 所示。）

图 4-25

4.2 服务台

4.2.1 【案例分析】

服务台起源于传统服务业，最典型的应用如酒店大堂的总服务台，来客无论是住宿、会议、活动、查询、退住都可以在总服务台找到相关服务。

4.2.2 【设计理念】

创建图形，为其施加"挤出"、"弯曲"命令完成服务台的制作。（最终效果参看光盘中的"Cha04 > 效果 > 服务台.max"，如图 4-26 所示。）

图 4-26

4.2.3 【操作步骤】

步骤 1 选择"（创建）>（图形）> 线"工具，在"前"视图中创建闭合的图形，将其命名为"服务台 01"，如图 4-27 所示。

步骤 2 选择"服务台 01"，切换到"（修改）"命令面板，将当前选择集定义为"顶点"，在场景中调整图形的形状，如图 4-28 所示。

图 4-27

图 4-28

步骤 3 关闭选择集，在"修改器列表"中选择"挤出"修改器，在"参数"卷展栏中设置"数量"为 1800、"分段"为 25，如图 4-29 所示。

步骤 4 在"修改器列表"中选择"弯曲"修改器，在"参数"卷展栏中设置"角度"为-90，在"弯曲轴"组中选择"Z"选项，如图 4-30 所示。

图 4-29

图 4-30

步骤 5 在"修改器列表"中选择"编辑网格"修改器，在"前"视图中选择底部的顶点，在工具栏中右击" "（选择并缩放）"工具，在弹出的对话框中设置"偏移：屏幕"组中缩放为 90%，如图 4-31 所示。

图 4-31

步骤 6 关闭选择集，在场景中复制出"服务台 02"，在修改器堆栈中删除"编辑网格"修改器，如图 4-32 所示。

步骤 7 在修改器堆栈中选择"Line"，将当前选择集定义为"顶点"，在场景中调整图形的形状，如图 4-33 所示，然后关闭选择集。

图 4-32

图 4-33

步骤 8 在堆栈中选择"Bend",选择"Gizmo"子物体,在场景中调整 Gizmo,如图 4-34 所示。

步骤 9 选择"（创建）>（图形）> 线"工具,在"左"视图中创建图形,将其命名为"支架 01",如图 4-35 所示。

图 4-34

图 4-35

步骤 10 切换到"（修改）"命令面板,将选择集定义为"顶点",在场景中调整图形的形状,如图 4-36 所示。

步骤 11 为图形施加"挤出"修改器,设置合适的参数后在场景中复制并调整模型的角度,如图 4-37 所示。

图 4-36

图 4-37

4.2.4 【相关工具】

1. "弯曲"修改器

"弯曲"命令可以将模型进行弯曲变形,该命令允许将当前选中对象围绕单独轴弯曲 360°,

在对象几何体中产生均匀弯曲，可以在任意 3 个轴上控制弯曲的角度和方向，也可以对几何体的一段限制弯曲。图 4-38 所示为弯曲命令的"参数"卷展栏。"弯曲"栏中的"角度"值控制弯曲变形的大小，"方向"值控制弯曲的方向；"弯曲轴"栏的 3 个轴用于控制弯曲的轴向；"限制"栏用于控制"弯曲"命令影响的范围。"弯曲"命令有两个子物体，进入各个子物体可以对子物体进行相应地操作，运用"弯曲"命令的子物体可以创建出较复杂的模型。该命令可以重复对一个模型使用，每次执行该命令都会产生一个弯曲效果。

图 4-38

2. "编辑网格"修改器

"编辑网格"修改器是 3ds Max 的传统建模工具，其功能非常强大，利用该命令可以创建复杂的三维模型。

"编辑网格"命令和"可编辑网格"功能均可以对三维模型的"顶点"、"边"、"面"、"多边形"和"元素"5 个子物体进行编辑，当进入各个子物体时会出现一个新的"曲面属性"卷展栏，子物体不同，新卷展栏中的内容也就不同，如图 4-39 所示，下面介绍几种常用的工具。

提 示 在场景中选择模型并右击，在弹出的对话框中选择"转换为 > 可编辑网格"命令。

图 4-39

◎ "选择"卷展栏

"按顶点"选项：勾选此选项，在选择一个顶点时，与这个顶点相连的边或面会一同被选择。

"忽略背面"选项：由于表面法线的原因，对象表面有可能在当前视角不被显示，看不到的表面一般情况是不能被选择的。勾选此项时，可对其进行操作。

"隐藏"按钮：隐藏选择的子对象。

"全部取消隐藏"按钮：显示隐藏的子对象。

◎ "编辑几何体"卷展栏

"创建"按钮：建立新的单个顶点、面、多边形或元素。

"删除"按钮：删除选择的子对象。

"附加"按钮：单击此按钮后，可以在视图中单击其他的对象，可以是任何类型的对象，包括样条线、面片、NURBS 对象等。

"分离"按钮：将当前选择的子对象分离出去，成为一个独立的新对象。

"挤出"按钮：设置面和多边形的挤出高度，如图 4-40 所示。在场景中选择面或多边形，移动鼠标设置挤出参数。

"倒角"按钮：设置面和多边形的倒角，选择面或多边形，如图 4-41 所示，拖曳鼠标设置挤出的高度，松开并移动鼠标设置倒角。

图 4-40

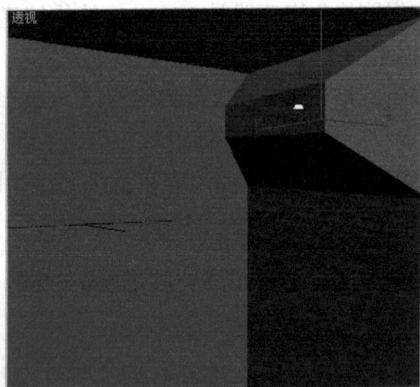
图 4-41

"切角"按钮：对点或线进行切角处理，通过右侧的数值框可调节切角的大小，如图 4-42 所示。

"切割"按钮：通过在边上添加点来细分子对象。选择后，在需要细分的边上单击，移动鼠标到下一边，依次单击完成切割，如图 4-43 所示。

"目标"按钮：用于设置顶点的焊接，在视图中将选择的点拖曳到要焊接的顶点上，这样会自动进行焊接。

图 4-42

图 4-43

◎ "曲面属性"卷展栏

图 4-44 所示为选择了"多边形"后的"曲面属性"卷展栏。

"翻转"按钮：将选择的面的法线方向进行反向，如图 4-45 所示。

图 4-44　　　　　　　　　　　　　　　　　图 4-45

"设置 ID"文本框：在此为选择的表面指定新的 ID 号，如果对象使用多维材质，将会按材质 ID 号进行分配材质。

"选择 ID"按钮：按当前 ID 号将所有与此 ID 相同的表面进行选择。

"按平滑组选择"按钮：将所有具有当前平滑组号的表面进行平滑处理。

"清除全部"按钮：删除对面片对象指定的平滑组。

"自动平滑"按钮：根据后面文本框中的阈值进行表面自动平滑处理。

4.2.5 【实战演练】创建公共座椅

创建样条线，通过调整样条线的形状，再为其施加"挤出"修改器，制作座椅的靠背。使用几何体工具创建支架和座椅的座，设置座合适的分段数，并为其施加"弯曲"修改器，完成模型的制作。（最终效果参看光盘中的"Cha04 > 效果 > 公共座椅.max"，如图 4-46 所示。）

图 4-46

4.3 中式落地灯

4.3.1 【案例分析】

现代装修中，中式的华丽和庄重已经成为风靡当代的装修效果。

4.3.2 【设计理念】

下面介绍中式落地灯效果的制作，灯罩是使用"车削"修改器将二维图形转换为三维模型，结合使用几何体工具创建支架。创建样条线，通过"挤出"修改器完成中式花纹的效果。（最终效果参看光盘中的"Cha04 > 效果 > 中式落地灯.max"，如图 4-47 所示。）

图 4-47

4.3.3 【操作步骤】

步骤 1 选择" （创建）> （图形）> 线"工具，在"前"视图中创建样条线。切换到" （修改）"命令面板，将当前选择集定义为"顶点"，在场景中调整图形的形状，如图 4-48 所示，将其命名为"灯罩"。

步骤 2 关闭选择集，在"修改器列表"中选择"车削"修改器，在"参数"卷展栏中单击"方向"组中的"Y"按钮，单击"对其"组中的"最小"按钮，如图 4-49 所示。

图 4-48

图 4-49

步骤 3 如果出现如图 4-49 所示车削出的模型问题，在"参数"卷展栏中勾选"焊接内核"和"翻转法线"选项，如图 4-50 所示。

步骤 4 在场景中选择"灯罩"对象,按 Ctrl+V 组合键,在弹出的"克隆选项"对话框中选择"复制"选项,在"名称"组中命名模型为"灯罩骨骼",如图 4-51 所示。

图 4-50   图 4-51

步骤 5 选择复制出的"灯罩骨骼"对象,在修改器堆栈中将"车削"修改器关闭,在"差值"卷展栏中设置"步数"为 12。

在"渲染"卷展栏中勾选"在渲染中启用"和"在视口中启用"选项,设置"厚度"为 3,如图 4-52 所示。

步骤 6 在场景中选择"灯罩骨骼"对象,切换到 🔩 (层次)命令面板,在"调整轴"卷展栏中单击"仅影响轴"按钮,在场景中调整轴的位置,如图 4-53 所示。

图 4-52   图 4-53

步骤 7 关闭"仅影响轴"按钮,在菜单栏中选择"工具 > 阵列"命令,在弹出的对话框中设置"总计"下的旋转"Z"为 360 度;在"阵列维度"组中设置"数量"的"1D"参数为 11,如图 4-54 所示。

步骤 8 阵列出的骨骼对象如图 4-55 所示。

图 4-54

图 4-55

步骤 9 在"前"视图中创建样条线，并将其命名为"灯罩下花"。

在场景中调整图形的形状，在"修改器列表"中选择"倒角"修改器，在"倒角值"卷展栏中设置"级别 1"的"高度"为 0.5，"轮廓"为 0.2；勾选"级别 2"选项，设置其"高度"为 2；勾选"级别 3"选型，设置其"高度"为 0.5，"轮廓"为-0.2，如图 4-56 所示。

步骤 10 在场景中选择"灯罩下花"对象，切换到"(层次)"命令面板，在"调整轴"卷展栏中单击"仅影响轴"按钮，在场景中调整轴，如图 4-57 所示。

图 4-56

图 4-57

步骤 11 关闭"仅影响轴"按钮，在菜单栏中选择"工具 > 阵列"命令，在弹出的对话框中设置"总计"下的旋转"Z"为 360 度；在"阵列维度"组中设置"数量"的"1D"参数为 4，单击"确定"按钮，如图 4-58 所示。

步骤 12 选择"(创建)> (几何体)> 圆柱体"工具，在"顶"视图中创建圆柱体，将其命名为"支架"，在"参数"卷展栏中设置"半径"参数为 3、"高度"为 300，如图 4-59 所示。

步骤 13 选择"(创建)> (几何体)> 扩展基本体 > 切角长方体"工具，在"顶"视图中创建切角长方体，将其命名为"底 01"，在"参数"卷展栏中设置"长度"为 44、"宽度"为 44、"高度"为 30、"圆角"为 1，并在场景中调整模型的位置，如图 4-60 所示。

图 4-58

图 4-59

图 4-60

步骤 14 在场景中移动复制底对象，切换到 " (修改)" 命令面板，在 "参数" 卷展栏修改 "长度" 为150、"宽度" 为150、"高度" 为8，如图4-61所示，在场景中调整模型的位置。

步骤 15 移动复制底对象，在 "参数" 卷展栏中修改 "长度" 为170、"宽度" 为170、"高度" 为5，如图4-62所示，在场景中调整模型的位置。

图 4-61

图 4-62

步骤 16 选择 "<kbd>（创建）> <kbd>（图形）> 线" 工具，在 "前" 视图中创建样条线。切换到 "<kbd>（修改）" 命令面板，将当前选择集定义为 "顶点"，并在场景中调整图形的形状，如图 4-63 所示。

步骤 17 为该模型施加 "挤出" 修改器，设置合适的参数并在场景中复制模型，如图 4-64 所示。

图 4-63

图 4-64

4.3.4 【相关工具】"车削" 修改器

车削是通过绕轴旋转一个图形或 NURBS 曲线来创建三维对象，图 4-65 所示为车削 "参数" 卷展栏。

"度数" 参数：确定对象绕轴旋转多少度（范围为 0～360，默认值是 360）。

"焊接内核" 选项：通过将旋转轴中的顶点焊接来简化网格。如果要创建一个变形目标，禁用此选项。

"翻转法线" 选项：根据图形上顶点的方向和旋转方向，旋转对象可能会内部外翻。切换 "翻转法线" 复选框来修正它。

"分段" 参数：在起始点之间，确定在曲面上创建多少插值线段。

"封口" 组

"封口始端" 选项：封口设置的 "度" 小于 360 度的车削对象的始点，并形成闭合图形。

"封口末端" 选项：封口设置的 "度" 小于 360 度的车削的对象终点，并形成闭合图形。

图 4-65

"变形" 选项：按照创建变形目标所需的可预见且可重复的模式排列封口面。渐进封口可以产生细长的面，而不像栅格封口需要渲染或变形。如果要车削出多个渐进目标，主要使用渐进封口的方法。

"栅格" 选项：在图形边界上的方形修剪栅格中安排封口面。此方法产生尺寸均匀的曲面，可使用其他修改器方便地将这些曲面变形。

"方向"组

"X、Y、Z"按钮：相对对象轴点，设置轴的旋转方向。

"对齐"组

"最小、居中、最大"按钮：将旋转轴与图形的最小、居中或最大范围对齐。

"输出"组

"面片"选项：产生一个可以折叠到面片对象中的对象。

"网格"选项：产生一个可以折叠到网格对象中的对象。

"NURBS"选项：产生一个可以折叠到 NURBS 对象中的对象。

"生成贴图坐标"选项：将贴图坐标应用到车削对象中。当"度"的值小于360并启用"生成贴图坐标"时，启用此选项，将另外的图坐标应用到末端封口中，并在每一封口上放置一个 1×1 的平铺图案。

"真实世界贴图大小"选项：控制应用于该对象的纹理贴图材质所使用的缩放方法。缩放值由位于应用材质的"坐标"卷展栏中的"使用真实世界比例"设置控制。默认设置为启用。

"生成材质 ID"选项：将不同的材质 ID 指定给车削对象侧面与封口。特别是，侧面 ID 为3，封口（当"度"的值小于360且车削对象是闭合图形时）ID 为 1 和 2。默认设置为启用。

"使用图形 ID"选项：将材质 ID 指定给在车削产生的样条线中的线段，或指定给在 NURBS 车削产生的曲线子对象。仅当启用"生成材质 ID"时该选项可用。

"平滑"选项：给车削图形应用平滑。

4.3.5 【实战演练】创建红酒瓶

创建样条线，通过施加"车削"修改器制作酒瓶和酒瓶盖效果。（最终效果参看光盘中的"Cha04 > 效果 > 红酒瓶.max"，如图 4-66 所示。）

图 4-66

4.4 烟灰缸

4.4.1 【案例分析】

烟灰缸是盛烟灰、烟蒂的工具，纸烟问世后，烟灰、烟蒂随地弹扔有碍卫生，烟灰缸就应运而生了。烟灰缸除了具备实用功能之外，还是一种艺术品，具有一定的艺术欣赏价值。

4.4.2 【设计理念】

下面介绍一个玻璃烟灰缸的制作，创建圆柱体并为其施加"编辑多边形"修改器，设置其效果。（最终效果参看光盘中的"Cha04 > 效果 > 烟灰缸.max"，如图 4-67 所示。）

图 4-67

4.4.3 【操作步骤】

步骤 1 选择"（创建）> （几何体）> 圆柱体"工具，在"顶"视图中创建圆柱体，在"参数"卷展栏中设置"半径"为 160、"高度"为 75、"端面分段"为 2、"边数"为 18，如图 4-68 所示。

步骤 2 在场景中右击该模型，在弹出的快捷菜单中选择"转换为 > 转换为可编辑多边形"命令，如图 4-69 所示。

图 4-68

图 4-69

步骤 3 　切换到 "✎（修改）" 命令面板，将当前选择集定义为 "边"，在 "顶" 视图中选择如图 4-70 所示的边。

步骤 4 　在 "选择" 卷展栏中选择 "循环" 按钮，选择如图 4-71 所示的边。

图 4-70

图 4-71

步骤 5 　在工具栏中选择 "🔲（选择并均匀缩放）" 工具，在场景中缩放边，如图 4-72 所示。

步骤 6 　将当前选择集定义为 "多边形"，在工具栏中设置选择区域为 "⊙（圆形选择区域）"，在 "选择" 卷展栏中选择 "忽略背面" 选项，使用 "▶（选择对象）" 工具，在场景中选择如图 4-73 所示的多边形。

图 4-72

图 4-73

步骤 7 　在 "编辑多边形" 卷展栏中单击 "挤出" 按钮后的 "🔲（设置）" 按钮，在弹出的对话框中设置 "挤出高度" 参数为-50，如图 4-74 所示，单击 "确定" 按钮。

步骤 8 在场景中选择如图 4-75 所示的多边形。

图 4-74

图 4-75

步骤 9 在"编辑多边形"卷展栏中单击"挤出"按钮右侧的"□（设置）"按钮，在弹出的对话框中设置"挤出高度"参数为 10，如图 4-76 所示，单击"确定"按钮。

步骤 10 确定多边形处于选择状态，在"编辑多边形"卷展栏中单击"倒角"右侧的"□（设置）"按钮，在弹出的对话框中设置"高度"为 10、"轮廓量"参数为-4.5，单击"确定"按钮，如图 4-77 所示，单击"应用"按钮。

图 4-76

图 4-77

步骤 11 在"倒角多边形"对话框中选择"倒角类型"为"按多边形"选项，设置"高度"为 5、"轮廓量"为-4.5，如图 4-78 所示，单击"确定"按钮。

步骤 12 将当前选择集定义为"边"，在场景中选择底端外圈的边，如图 4-79 所示。

图 4-78

图 4-79

提　示　　　选择底端的一圈边的时候可以先选择一条边，然后在"选择"卷展栏中选择"循环"按钮。

步骤 13 在"编辑边"卷展栏中单击"切角"右侧的"□（设置）"按钮，在弹出的对话框中设置"切角量"为 16，如图 4-80 所示，单击"确定"按钮。

步骤 14 在场景中选择如图 4-81 所示的边。

图 4-80

图 4-81

步骤 15 在"编辑边"卷展栏中单击"切角"右侧的"□（设置）"按钮，在弹出的对话框中设置"切角量"为 10，单击"应用"按钮，如图 4-82 所示。

步骤 16 关闭选择集，在"细分曲面"卷展栏中勾选"使用 NURBS 细分"选项，如图 4-83 所示。

图 4-82

图 4-83

4.4.4 【相关工具】

1. 认识"可编辑多边形"

"编辑多边形"修改器提供用于选定对象的不同子对象层级的显式编辑工具：顶点、边、边界、多边形和元素。"编辑多边形"修改器包括基础"可编辑多边形"对象的大多数功能，但"顶点属性"、"细分曲面"、"细分置换"卷展栏除外。

"编辑多边形"是在"修改器列表"中为对象指定的修改器；"可编辑多边形"是在对象上右击鼠标，在弹出的快捷菜单中选择"转换为>转换为可编辑多边形"命令，将模型转换为"可编辑多边形"的。

2. "编辑顶点"卷展栏

"可编辑多边形"是建模中最为常用的修改器，所以这里单独介绍常用的卷展栏中的命令的应用；将当前选择集定义为"顶点"时会出现如图 4-84 所示"编辑顶点"卷展栏。

"移除"按钮：删除选中的顶点，并接合使用它们的多边形，快捷键为 Backspace。

图 4-84

注　意　选择要删除的顶点，按下 Delete 键，这样会在网格中创建一个或多个洞；而"移除"顶点只是在网格中将该顶点删除。如图 4-85 所示，左图为按 Delete 键删除顶点，右图为"移除顶点"。

"断开"按钮：在与选定顶点相连的每个多边形上，都创建一个新顶点，这可以使多边形的转角相互分开，使它们不再相连于原来的顶点上。如果顶点是孤立的或者只有一个多边形使用，则顶点将不受影响。

"挤出"按钮：可以手动挤出顶点，方法是在视口中直接操作。单击此按钮，然后垂直拖曳到任何顶点上，就可以挤出此顶点。单击"■（设置）"按钮，在弹出的对话框中可以精确地设置挤出参数。

"焊接"按钮：在"焊接顶点"对话框中指定值，可对选中的顶点进行合并。单击"■（设置）"按钮，在弹出的"焊接顶点"对话框中设置焊接值。

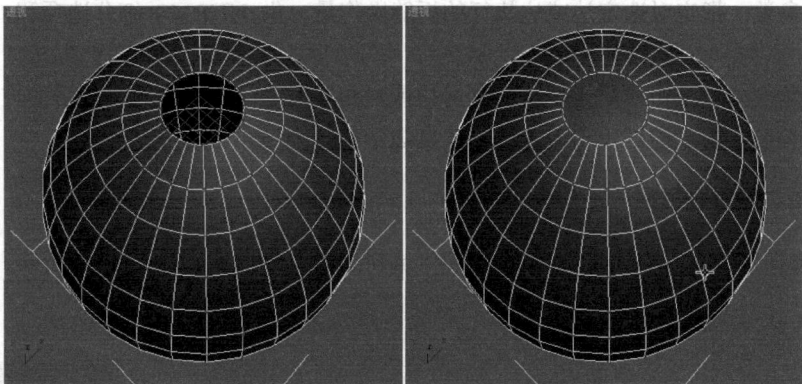

图 4-85

"切角"按钮：单击此按钮，然后在活动对象中拖曳顶点，如图 4-86 所示。在视图中选择需要设置切角的顶点，单击"■（设置）"按钮，在弹出的对话框中可以设置详细的参数。

"目标焊接"按钮：可以选择一个顶点，并将它焊接到相邻目标顶点。

"连接"按钮：在选中的顶点对之间创建新的边。

"移除孤立顶点"按钮：将不属于任何多边形的所有顶点删除。

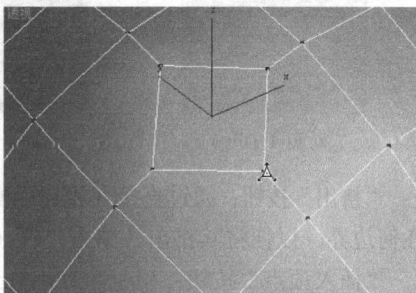

图 4-86

"移除未使用的贴图顶点"按钮：某些建模操作会留下未使用的（孤立）贴图顶点，它们会显示在展开 UVW 编辑器中，但是不能用于贴图。

"权重"参数：设置选定顶点的权重。供 NURMS 细分选项和"网格平滑"修改器使用。

3. "编辑边"卷展栏

将当前选择集定义为"边"，则会出现"编辑边"卷展栏，如图 4-87 所示。

"插入顶点"按钮：用于手动细分可视的边。

"移除"按钮：删除选定边并组合使用这些边的多边形。

"分割"按钮：沿着选定边分割网格。

"挤出"按钮：直接在视口中操纵时，可以手动挤出边。单击"■（设置）"按钮，在弹出的对话框中设置详细的参数。

"焊接"按钮：组合"焊接边"对话框中指定的阈值范围内的选定边。

"切角"按钮：单击该按钮，然后拖曳活动对象中的边，如图 4-88 所示。单击"■（设置）"按钮，在弹出的对话框中可以设置详细的参数。

"目标焊接"按钮：用于选择边并将其焊接到目标边。

"桥"按钮：使用多边形的"桥"连接对象的边。

"连接"按钮：使用当前的"连接边"对话框中的设置，在每对选定边之间创建新边。单击"■（设置）"按钮，弹出"连接边"对话框。

"利用所选内容创建图形"按钮：选择一个或多个边后，请单击该按钮，以便通过选定的边创建样条线形状。

"折缝"参数：指定对选定边或边执行的折缝操作量，供 NURMS 细分选项和"网格平滑"修改器使用。

"编辑三角剖分"按钮：用于修改绘制内边或对角线时多边形细分为三角形的方式。

"旋转"按钮：用于通过单击对角线修改多边形细分为三角形的方式。

4. "编辑边界"卷展栏

将当前选择集定义为"边界"，则会出现"编辑边界"卷展栏，如图 4-89 所示。

图 4-87   图 4-88   图 4-89

"挤出"按钮：通过直接在视口中操纵对边界进行手动挤出处理。单击此按钮，然后垂直拖曳任何边界，以便将其挤出。单击"■（设置）"按钮，在弹出的对话框中设置详细的参数。

"插入顶点"按钮：用于手动细分边界边。

"切角"按钮：单击该按钮，然后拖曳活动对象中的边界。不需要先选中边界。单击"■（设置）"按钮，在弹出的对话框中设置详细的参数。

"封口"按钮：使用单个多边形封住整个边界环。

"桥"按钮：使用多边形的"桥"连接对象的两个边界。单击"■（设置）"按钮，在弹出的对话框中可以设置详细的参数。

"连接"按钮：在每对选定边界边之间创建新边，这些边可以通过其中点相连。

"利用所选内容创建图形"按钮：选择一个或多个边界后，请单击该按钮，以便通过选定的边创建样条线形状。

"权重"参数：设置选定边界的权重，供"NURMS 细分"选项使用。

"折缝"参数：指定对选定边界或边界执行的折缝操作量，供"NURMS 细分"选项使用。

5. "编辑多边形"卷展栏

将当前选择集定义为"多边形"时，则会出现"编辑多边形"卷展栏，如图 4-90 所示。

"插入顶点"按钮：用于手动细分多边形。即使处于元素子对象层级，同样适用于多边形。

"挤出"按钮：直接在视口中操纵时，可以执行手动挤出操作。单击此按钮，然后垂直拖曳任何多边形，以便将其挤出。单击"■（设置）"按钮，在弹出的对话框中可以设置详细的参数。

"轮廓"按钮：用于增加或减小每组连续的选定多边形的外边，如图 4-91 所示为设置的内收的轮廓。单击"□（设置）"按钮，在弹出的对话框中可以设置详细的参数。

图 4-90

图 4-91

"倒角"按钮：通过直接在视口中操纵执行手动倒角操作。单击"□（设置）"按钮，在弹出的对话框中可以设置详细的参数。

"插入"按钮：执行没有高度的倒角操作，即在选定多边形的平面内执行该操作。单击此按钮，然后垂直拖曳任何多边形，以便将其插入，如图 4-92 所示。单击"□（设置）"按钮，在弹出的对话框中可以设置详细的参数。

图 4-92

"桥"按钮：使用多边形的"桥"连接对象上的两个多边形或选定多边形。单击"□（设置）"按钮，在弹出的对话框中可以设置详细的参数。

"翻转"按钮：翻转选定多边形的法线方向，从而使其面向用户。

"从边旋转"按钮：通过在视口中直接操纵执行手动旋转操作。选择多边形，并单击该按钮，然后沿着垂直方向拖曳任何边，以便旋转选定的多边形，如图 4-93 所示。

图 4-93

6. "编辑元素"卷展栏

将当前选择集定义为"元素"时，"编辑元素"卷展栏就会显示出来，如图 4-94 所示。该卷展栏中的命令与上面其他层级卷展栏的命令相同，参见上面介绍的即可。

图 4-94

7. "编辑几何体"卷展栏

"编辑几何体"卷展栏提供了用于更改多边形网格几何体的全局控制，如图 4-95 所示。

"重复上一个"按钮：重复最近使用的命令。

"约束"选项：可以使用现有的几何体约束子对象的变换。

"保持 UV"选项：启用此选项后，可以编辑子对象，而不影响对象的 UV 贴图。单击"□（设置）"按钮，使用该对话框，可以指定要保持的顶点颜色通道和/或纹理通道（贴图通道）。

"创建"按钮：创建新的几何体。此按钮的使用方式取决于活动的级别。

"塌陷"按钮：（仅限于"顶点"、"边"、"边界"和"多边形"层级）通过将其顶点与选择中心的顶点焊接，使连续选定子对象的组产生塌陷。

"附加"按钮：用于将场景中的其他对象附加到选定的可编辑多边形中。单击"□（附加列表）"按钮，在弹出的对话框中列出场景中能附加到该对象中的模型。

图 4-95

"切片平面"按钮：（仅限子对象层级）为切片平面创建 Gizmo，可以定位和旋转它，来指定切片位置。

"分割"选项：启用时，通过"迅速切片"和"切割"操作，可以在划分边的位置处的点创建两个顶点集。这样，便可轻松地删除要创建孔洞的新多边形。

"切片"按钮：（仅限子对象层级）在切片平面位置处执行切片操作。只有启用"切片平面"时，才能使用该选项。

"重置平面"按钮：（仅限子对象层级）将"切片"平面恢复到其默认位置和方向。只有启用"切片平面"时，才能使用该选项。

"快速切片"按钮：可以将对象快速切片，而不用操纵 Gizmo。选择对象并单击"快速切片"按钮，然后在切片的起点处单击一次，再在其终点处单击一次。激活命令时，可以继续对选定内容执行切片操作。

"切割"按钮：用于创建一个多边形到另一个多边形的边，或在多边形内创建边。单击起点并移动鼠标，然后再单击，再移动和单击，以便创建新的连接边。右击一次退出当前切割操作，然后可以开始新的切割，或者再次右击退出"切割"模式。

"网格平滑"按钮：使用当前设置平滑对象。它与"网格平滑"修改器中的"NURMS 细分"类似，但与"NURMS 细分"不同的是，它立即将平滑应用到控制网格的选定区域上。

"细化"按钮：根据细化设置细分对象中的所有多边形。

"平面化"按钮：强制所有选定的子对象成为共面。

"X、Y、Z"按钮：平面化选定所有子对象，并使该平面与对象的局部坐标系中的相应平面对齐。

"视图对齐"按钮：使对象中的所有顶点与活动视口所在的平面对齐。

"松弛"按钮：使用"松弛"对话框设置，可以将"松弛"功能应用于当前的选定内容。"松弛"可以规格化网格空间，方法是朝着邻近对象的平均位置移动每个顶点。其工作方式与"松弛"修改器相同。

"隐藏选定对象"按钮：（仅限于顶点、多边形和元素级别）隐藏任意所选子对象。

"全部取消隐藏"按钮：（仅限于顶点、多边形和元素层级）还原任何隐藏子对象使之可见。

"隐藏未选定对象"按钮：（仅限于顶点、多边形和元素级别）隐藏未选定的任意子对象。

"复制"按钮：打开一个对话框，使用该对话框，可以指定要放置在复制缓冲区中的命名选择集。

"粘贴"：从复制缓冲区中粘贴命名选择。

"删除孤立顶点"选项：（仅限于边、边框、多边形和元素层级）启用时，在删除连续子对象的选择时删除孤立顶点。禁用时，删除子对象会保留所有顶点。默认设置为启用。

"完全交互"选项：切换"快速切片"和"切割"工具的反馈层级以及所有的设置对话框。

8. "选择"卷展栏

"选择"卷展栏如图 4-96 所示。

" （顶点）"：访问"顶点"子对象层级，从中可选择光标下的顶点。区域选择会选择该区域中的顶点。

" （边)"：访问"边"子对象层级，从中可选择光标下的多边形边。区域选择会选择该区域中的多条边。

图 4-96

" （边界）"：访问"边框"子对象层级，从中可选择组成网格孔洞的边框的一系列边。边框总是由仅在一侧带有面的边组成，并总是为完整循环。例如，长方体一般没有边界，但茶壶对象有多个边框：在壶盖上、壶身上、壶嘴上以及在壶柄上的两个。如果创建一个圆柱体，然后删除一端，这一端的一行边将组成圆形边界。

" （多边形）"：访问"多边形"子对象层级，从中选择光标下的多边形。区域选择选中区域中的多个多边形。

" （元素）"：启用"元素"子对象层级，从中选择对象中的所有连续多边形。区域选择用于选择多个元素。

"按顶点"选项：启用时，只有通过选择所用的顶点，才能选择子对象。单击顶点时，将选择使用该选定顶点的所有子对象。

"忽略背面"选项：启用后，选择子对象将只影响朝向用户的那些对象。

"按角度"选项：启用并选择某个多边形时，该软件也可以根据复选框右侧的角度设置选择邻近的多边形。该值可以确定要选择的邻近多边形之间的最大角度。仅在"多边形"子对象层级可用。

"收缩"按钮：通过取消选择最外部的子对象缩小子对象的选择区域。如果不再减少选择大小，则可以取消选择其余的子对象，如图 4-97 所示。

"扩大"按钮：朝所有可用方向外侧扩展选择区域，如图 4-98 所示。

"环形"按钮：通过选择所有平行于选中边的边来扩展边选择。圆环只应用于边和边界选择，如图 4-99 所示。

中等职业教育数字艺术类规划教材

图 4-97

图 4-98

图 4-99

"循环"按钮：在与选中边相对齐的同时，尽可能远地扩展选择，如图 4-100 所示。

图 4-100

9. "细分曲线"卷展栏

"细分曲线"将细分应用于采用"网格平滑"格式的对象，以便可以对分辨率较低的"框架"网格进行操作，同时查看更为平滑的细分结果。该卷展栏既可以在所有子对象层级使用，也可以在对象层级使用。"细分曲线"卷展栏如图 4-101 所示。

"平滑结果"选项：对所有的多边形应用相同的平滑组，如图 4-102 所示。

"使用 NURMS 细分"选项：通过 NURMS 方法应用平滑，如图 4-103 所示。

"等值线显示"选项：启用时，该软件只显示等值线，如图 4-104 左图为勾选"等值线显示"选项，右图为取消勾选"等值线显示"选项。

图 4-101

图 4-102

图 4-103

图 4-104

"显示框架"选项：在修改或细分之前，切换显示可编辑多边形对象的两种颜色线框的显示，如图 4-105 所示。框架颜色显示为复选框右侧的色样，第 1 种颜色表示未选定的子对象，第 2 种颜色表示选定的子对象。通过单击其色样可更改颜色。

图 4-105

"显示"组

"迭代次数"参数：设置平滑多边形对象时所用的迭代次数。每个迭代次数都会使用上一个迭代次数生成的顶点生成所有多边形。

> **提 示** "迭代次数"越高物体表面越光滑，对计算机而言就要花费很长的时间来进行计算。如果计算机计算时间太长可以按 Esc 键停止计算。

"平滑度"参数：确定添加多边形使其平滑前转角的尖锐程度。

"渲染"组

"迭代次数"参数：用于选择不同的平滑迭代次数，以便在渲染时应用于对象。启用"迭代次数"，然后在其右侧的微调器中设置迭代次数。

"平滑度"参数：用于选择不同的"平滑度"值，以便在渲染时应用于对象。启用"平滑度"，然后在其右侧的微调器中设置平滑度的值。

"更新选项"组

设置手动或渲染时更新选项，适用于平滑对象的复杂度过高而不能应用自动更新的情况。

"始终"选项：更改任意"平滑网格"设置时自动更新对象。

"渲染时"选项：只在渲染时更新对象的视口显示。

"手动"选项：启用手动更新。选中手动更新时，改变的任意设置直到单击"更新"按钮时才起作用。

"更新"按钮：更新视口中的对象，使其与当前的"网格平滑"设置仅在选择"渲染"或"手动"时才起作用。

4.4.5 【实战演练】创建起子

创建圆柱体，将圆柱体转换为"可编辑多边形"。首先设置圆柱体中间的洞，并设置多边形的链接，作为起子的起口，挤出起子的把手完成起子的制作。（最终效果参看光盘中的"Cha04 > 效果 > 开酒起子.max"，如图 4-106 所示。）

图 4-106

4.5　夏季遮阳帽

4.5.1　【案例分析】

夏季遮阳帽常用布、草、塑料等制成。帽顶呈半球形，有的在前额或两侧加附荷叶边，可遮挡更多的阳光。

4.5.2　【设计理念】

下面介绍遮阳帽的制作。首先创建球体，将球体转换为"可编辑多边形"，删除半个球体的多边形后为其施加"壳"修改器。然后再将该模型转换为"可编辑多边形"，对其进行修改。（最终效果参看光盘中的"Cha04＞效果＞夏季遮阳帽.max"，如图 4-107 所示。）

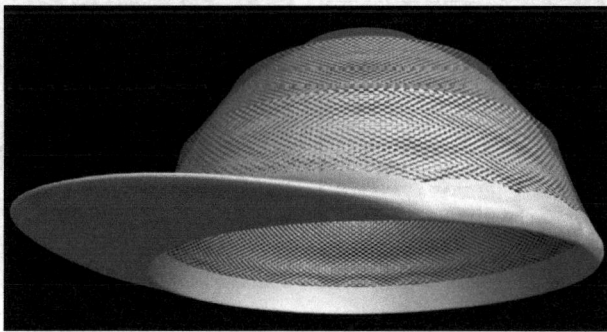

图 4-107

4.5.3　【操作步骤】

步骤 1　选择" （创建）> （几何体）> 球体"工具，在"顶"视图中创建球体，在"参数"卷展栏中设置"半径"为 150、"分段"为 18，将其命名为"帽"，如图 4-108 所示。

步骤 2　在模型上右击，在弹出的快捷菜单中选择"转换为 > 转换为可编辑多边形"命令，将模型转换为可编辑多边形对象。切换到" （修改）"命令面板，将当前选择集定义为"多边形"，在场景中选择如图 4-109 所示的多边形，按 Delete 键，将多边形删除。

图 4-108

图 4-109

步骤 3 将当前选择集定义为"顶点",在场景中最低端调整顶点的位置,如图 4-110 所示。

步骤 4 在"修改器列表"中选择"壳"修改器,在"参数"卷展栏中设置"内部量"为 0、"外部量"为 1,如图 4-111 所示。

图 4-110

图 4-111

步骤 5 在模型上右击,在弹出的快捷菜单中选择"转换为>转换为可编辑多边形"命令,如图 4-112 所示。

步骤 6 在场景中缩放模型,如图 4-113 所示。

步骤 7 将当前选择集定义为"多边形",在场景中选择如图 4-114 所示的多边形。

步骤 8 在"编辑多边形"卷展栏中单击"挤出"右侧的"□(设置)"按钮,在弹出的"挤出多边形"对话框中设置"挤出高度"为 90,单击"确定"按钮,如图 4-115 所示。

步骤 9 在"前"视图中缩放挤出后的多边形,如图 4-116 所示。

步骤 10 将当前选择集定义为"顶点",在"顶"视图中调整顶点,如图 4-117 所示。

图 4-112

图 4-113

图 4-114

图 4-115

图 4-116

图 4-117

步骤 11 继续调整顶点，如图 4-118 所示。

步骤 12 在"细分曲面"卷展栏中勾选"使用 NURBS 细分"选项，观察光滑后的模型效果，如图 4-119 所示。

图 4-118

图 4-119

步骤 13 在"软选择"卷展栏中勾选"使用软选择"选项，在场景中选择顶点，并在场景中调整顶点，如图 4-120 所示。

步骤 14 在"细分曲面"卷展栏中取消对"使用 NURBS 细分"选项的勾选，将当前选择集定义为边，在场景中选择如图 4-121 所示。

图 4-120

图 4-121

步骤 15 在"编辑边"卷展栏中单击"挤出"右侧的"□（设置）"按钮，在弹出的对话框中设置"挤出高度"为2、"挤出基面宽度"为1，单击"确定"按钮，如图 4-122 所示。

步骤 16 将选择集定义为"多边形"，在场景中选择如图 4-123 所示的多边形。

步骤 17 在"编辑多边形"卷展栏中单击"倒角"右侧的"□（设置）"按钮，在弹出的"倒角多边形"对话框中选择"倒角类型"为"按多边形"选项，设置"高度"为4、"轮廓量"参数为-4，单击"确定"按钮，如图4-124所示。

步骤 18 关闭选择集，在"细分曲面"卷展栏中勾选"使用 NURBS 细分"选项，设置"显示"组中的"迭代次数"参数为2，如图4-125所示。

图 4-122

图 4-123

图 4-124

图 4-125

4.5.4 【相关工具】"壳"修改器

通过添加一组朝向现有面相反方向的额外面"壳"修改器"凝固"对象或者为对象赋予厚度，无论曲面在原始对象中的任何地方消失，边将连接内部和外部曲面，如图4-126所示。可以为内部和外部曲面、边的特性、材质 ID 以及边的贴图类型指定偏移距离。

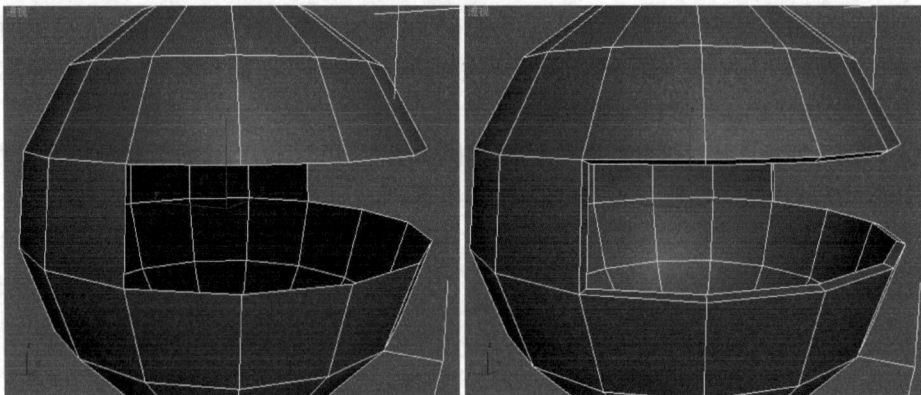

图 4-126

"壳"修改器的"参数"卷展栏如图 4-127 所示，下面主要介绍常用参数。

图 4-127

"内部量、外部量"参数：通过使用 3ds Max 通用单位的距离，将内部曲面从原始位置向内移动，将外曲面从原始位置向外移动。默认设置为 0 和 1。

两个"数量"设置值决定了对象壳的厚度，也决定了边的默认宽度。假如将厚度和宽度都设置为 0，则生成的壳没有厚度，并将类似于对象的显示设置为双边。

"分段"参数：每一边的细分值，默认值为 1。

"倒角边"选项：启用该选项后，并指定"倒角样条线"，定义"倒角样条线"后，使用"倒角边"在直边和自定义剖面之间切换，该直边的分辨率由"分段"设置定义，该自定义剖面由"倒角样条线"定义。

"倒角样条线"选项：单击"None"按钮，然后选择打开样条线定义边的形状和分辨率，这时"圆形"或"星形"这样闭合的形状将不起作用。

"覆盖内部材质 ID"选项：启用此选项，使用"内部材质 ID"参数为所有的内部曲面多边形指定材质 ID。默认设置为禁用状态。

如果没有指定材质 ID，曲面会使用同一材质 ID 或者和原始面一样的 ID。

"内部材质 ID"参数：为内部面指定材质 ID。只在启用"覆盖内部材质 ID"选项后可用。

"覆盖外部材质 ID"选项：启用此选项，使用"外部材质 ID"参数为所有的外部曲面多边形指定材质 ID。默认设置为禁用状态。

"外部材质 ID"参数：为外部面指定材质 ID。只在启用"覆盖外部材质 ID"选项后可用。

"覆盖边材质 ID"选项：启用此选项，使用"边材质 ID"参数为所有的新边多边形指定材质 ID。默认设置为禁用状态。

"边材质 ID"参数：为边的面指定材质 ID。只在启用"覆盖边材质 ID"选项后可用。

"自动平滑边"选项：使用"角度"参数，应用自动、基于角平滑到边面。禁用此选项后，不再应用平滑。默认设置为启用。

该选项不适用于平滑到边面与外部/内部曲面之间的连接。

"角度"参数：在边面之间指定最大角，该边面由"自动平滑边"平滑。只在启用"自动平滑边"选项之后可用。默认设置为 45，大于此值的接触角的面将不会被平滑。

"覆盖边平滑组"选项：使用"平滑组"设置，用于为新边多边形指定平滑组。只在禁用"自动平滑边"选项之后可用。默认设置为禁用状态。

"平滑组"参数：为边多边形设置平滑组。只在启用"覆盖边平滑组"选项后可用，默认值为 0。当"平滑组"设置为默认值 0 时，将不会有平滑组被指定为边多边形。要指定平滑组，请更改值为 1～32。

4.5.5　【实战演练】创建杯子

创建圆柱体，将其转换为"可编辑多边形"，删除顶端的多边形，并为其施加"壳"修改器。然后将模型转换为"可编辑多边形"，设置其杯子的形状。（最终效果参看光盘中的"Cha04 > 效果 > 杯子.max"，如图 4-128 所示。）

图 4-128

4.6　综合演练——创建餐桌椅

使用几何体和图形工具创建圆桌和座椅，座椅的座使用创建图形施加"挤出"和"弯曲"修改器，完成餐桌椅的创建。（最终效果参看光盘中的"Cha04 > 效果 > 餐桌椅.max"，如图 4-129 所示。）

中等职业教育数字艺术类规划教材

图 4-129

4.7 综合演练——创建柜子

创建可渲染的样条线作为柜子的支架，使用长方体制作柜子的储物板。（最终效果参看光盘中的"Cha04 > 效果 > 柜子.max"，如图 4-130 所示。）

图 4-130

第5章 复合对象的创建

前面介绍了 3ds Max 9 基本操作和二维、三维模型的创建与修改功能，读者已经能够了解 3ds Max 9 制作模型的基本方法，但有些模型是前面章节学习的内容所不能完成的，如在一个物体上迅速掏出另一个模型的形状等。

所谓复合物体就是指将两个或两个以上的物体通过特定的合成方式结合为一个物体。

课堂学习目标

- 掌握"布尔"复合物体
- 掌握"放样"复合物体

5.1 洗手盆

5.1.1 【案例分析】

越来越多的人希望自己的卫浴空间更具个性，高品质的浴室需要所有细节的和谐，其中卫浴空间的洗手盆是人们每一天都要用到的物件，它的设计是人们不可忽视的问题。

5.1.2 【设计理念】

使用切角长方体工具制作洗手盆的背板和底板，使用布尔命令制作洗手盆和水龙头，并结合使用编辑多边形修改器制作水平头、开关和漏水塞。（最终效果参看光盘中的"Cha05 > 效果 > 洗手盆.max"，如图 5-1 所示。）

图 5-1

5.1.3 【操作步骤】

步骤 1 选择" > > 扩展基本体 > 切角长方体"工具，在"前"视图中创建模型，在"参数"卷展栏中设置"长度"为240、"宽度"为250、"高度"为15、"圆角"为1、"圆角分段"为2，并将其命名为"洗手盆模型01"，如图5-2所示。

步骤 2 在场景中选择并复制模型，如图5-3所示。

图5-2   图5-3

步骤 3 选择" > > 标准基本体 > 圆柱体"工具，在"顶"视图中创建模型，在"参数"卷展栏中设置"半径"为100、"高度"为90、"高度分段"为1、"边数"为30，将其命名为"洗手盆01"，如图5-4所示。

步骤 4 选择"球体"工具，在"顶"视图中创建球体，在"参数"卷展栏中设置"半径"为80，如图5-5所示，在场景中调整球体的位置。

图5-4   图5-5

步骤 5 在场景中选择"洗手盆01"，选择" > > 复合对象 > 布尔"

工具，在"拾取布尔"卷展栏中单击"拾取操作对象 B"按钮，在场景中拾取球体，如图 5-6
所示。

步骤 6 选择"（创建）>（几何体）> 扩展基本体 > 切角圆柱体"工具，在"顶"视
图中创建切角圆柱体，在"参数"卷展栏中设置"半径"为 11、"高度"为 6、"圆角"为 2、
"圆角分段"为 2、"边数"为 20，并将其命名为"模型 01"，如图 5-7 所示。

图 5-6

图 5-7

步骤 7 在模型上右击，在弹出的快捷菜单中选择"转换为 > 转换为可编辑多边形"命令，切
换到"（修改）"命令面板，将当前选择集定义为"多边形"，在"选择"卷展栏中勾选"忽
略背面"选项，在场景中选择如图 5-8 所示的多边形。

步骤 8 在"编辑多边形"卷展栏中单击"倒角"后的"（设置）"按钮，在弹出的"倒角多
边形"对话框中设置"高度"为-1.4、"轮廓量"为-1.25，单击"确定"按钮，如图 5-9 所示。

图 5-8

图 5-9

步骤 9 将选择集定义为"顶点"，在"编辑顶点"卷展栏中单击"切角"右侧的"（设置）"
按钮，在"顶"视图中单击中间的顶点，用鼠标拖曳设置切角，如图 5-10 所示。

步骤 [10] 将选择集定义为"多边形",在场景中选择如图 5-11 所示的多边形,在"编辑多边形"卷展栏中单击"倒角"右侧的"■(设置)"按钮,在弹出的"倒角多边形"对话框中设置"高度"和"轮廓量",如图 5-11 所示,单击"确定"按钮。

图 5-10

图 5-11

步骤 [11] 按 Ctrl+A 组合键,全选多边形,在"多边形属性"卷展栏中选择"平滑组"中的"3"按钮,如图 5-12 所示。

步骤 [12] 选择" (创建)> (图形)> 线"工具,在"左"视图中创建样条线,并设置样条线的渲染,将其命名为"水龙头",如图 5-13 所示。

图 5-12

图 5-13

提 示 将复制出的"水龙头 01"对象转换为"可编辑多边形",便于后面将对该模型进行布尔操作。

步骤 [13] 在场景中选择"水龙头",按 Ctrl+V 组合键,复制模型,调整模型的渲染参数和形状,如图 5-14 所示。

步骤 14 在场景中选择"水龙头",右击该模型,在弹出的快捷菜单中选择"转换为 > 转换为可编辑多边形"命令,将当前选择集定义为"顶点",在场景中选择底端的顶点,并将其放大,如图 5-15 所示。

图 5-14

图 5-15

步骤 15 在场景中选择"水龙头",选择" (创建) > (几何体) > 复合对象 > 布尔"工具,在"拾取布尔"卷展栏中单击"拾取操作对象 B"按钮,在场景中拾取"水龙头 01",如图 5-16 所示。

步骤 16 选择" (创建) > (几何体) > 扩展基本提 > 切角圆柱体"工具,在"前"视图中创建切角圆柱体,在"参数"卷展栏中设置"半径"为6、"高度"为25、"圆角"为1、"高度分段"为3、"圆角分段"为2、"边数"为20,将其命名为"开关01",如图 5-17 所示。

图 5-16

图 5-17

步骤 17 在场景中选择"开关01",右击该模型,在弹出的快捷菜单中选择"转换为 > 转换为可编辑多边形"命令,将当前选择集定义为"顶点",在场景中选择底端的顶点,并将其放大。

步骤 18 在场景中调整顶点的位置,并将当前选择集定义为"多边形",在场景中选择如图 5-18 所示的多边形。

步骤 19 在"编辑多边形"卷展栏中单击"倒角"右侧的"□(设置)"按钮,在弹出的"倒角多边形"对话框中设置"高度"为 0.2、"轮廓量"为-0.5,在"倒角类型"组中选择"按多边形"选项,单击"确定"按钮,如图 5-19 所示。

图 5-18

图 5-19

完成后的场景模型如图 5-20 所示。

图 5-20

5.1.4 【相关工具】"布尔"工具

在场景中选择需要布尔的模型,选择"🗼(创建)> 🔵(几何体)> 复合对象 > 布尔"工具,在"拾取布尔"卷展栏中单击"拾取操作对象 B"按钮,在场景中拾取操作对象。

下面简单介绍布尔的常用工具及选项。

◎"拾取布尔"卷展栏

下面介绍"拾取布尔"卷展栏中的常用参数,如图 5-21 所示。

"复制"选项：将原始对象复制到一个作为操作对象 B，不破坏原始对象。

"移动"选项：将原始对象直接作为操作对象 B，它本身不存在。

"实例"选项：将原始对象以实例复制的方式复制一个作为操作对象 B，以后对两者之一进行修改时都会同时影响另一个。

图 5-21

"参考"选项：将原始对象的参考复制作为操作对象 B，改变原始对象，也会同时改变布尔对象中的操作对象 B，但改变操作对象 B 不会改变原始对象。

◎ "参数"卷展栏

布尔工具的"参数"卷展栏如图 5-22 所示。

"操作对象"组：显示操作对象的名称，允许对名称进行修改。

"提取操作对象"按钮：此按钮只有在修改命令面板才有效，它将当前指定的操作对象重新提取到场景中，作为一个新的可用对象，包括实例和复制两种属性。

"操作"组：提供了 5 种运算方式可供选择，即"并集"、"交集"、"差集 A-B"、"差集 B-A"和"切割"。

图 5-22

5.1.5　【实战演练】创建鼠标

创建几何球体，使用 FFD 命令调整球体的形状，创建布尔模型，完成鼠标的制作。（最终效果参看光盘中的"Cha05 > 效果 > 鼠标.max"，如图 5-23 所示。）

图 5-23

5.2　桌布

5.2.1　【案例分析】

桌布用来覆盖于桌面上，是用来防污、增加美观的物品。

5.2.2　【设计理念】

创建两个图形，放样图形，创建线作为放样路径，选择放样路径拾取放样图形，完成桌布模型的制作。（最终效果参看光盘中的"Cha05 > 效果 > 桌布.max"，如图 5-24 所示。）

图 5-24

5.2.3 【操作步骤】

步骤 1 选择"（创建）>（图形）> 圆"工具，在"顶"视图中创建圆，将其命名为"截面 01"，如图 5-25 所示。

步骤 2 在场景中复制图形，并将其命名为"截面 02"。切换到"（修改）"命令面板，在"修改器列表"中选择"编辑样条线"修改器，将选择集定义为"分段"，在场景中选择分段，如图 5-26 所示。

图 5-25

图 5-26

步骤 3 在"几何体"卷展栏中设置"拆分"为 5，单击"拆分"按钮，如图 5-27 所示。

步骤 4 将选择集定义为"顶点"，在场景中调整"截面 02"的形状，如图 5-28 所示，关闭选择集。

步骤 5 选择"（创建）>（图形）> 线"工具，在"前"视图中创建线段作为放样的路径，如图 5-29 所示。

步骤 6 在场景中选择创建的放样路径，选择"（创建）>（几何体）> 复合对象 > 放样"工具，在"创建方法"卷展栏中选择"获取图形"按钮，在场景中拾取"截面 01"，如图 5-30 所示。

图 5-27

图 5-28

图 5-29

图 5-30

步骤 7 在"路径参数"卷展栏中设置"路径"参数为 100，在"创建方法"卷展栏中选择"获取图形"按钮，在场景中拾取"截面 02"，如图 5-31 所示。

步骤 8 放样后的桌布如图 5-32 所示。

图 5-31

图 5-32

5.2.4　【相关工具】"放样"工具

放样前需要完成截面图形和路径图形的制作，对于路径，一个放样对象只允许有一个，但对截面图形来说可以有一个或多个，如图 5-33 所示为一条路径的两个截面图形。

◎ **"创建方法"卷展栏**

"获取路径"按钮：如果选择了图形，按下此按钮后在视图中选择将要作为路径的图形。

"获取图形"按钮：如果选择了路径，按下此按钮后在视图中选择将要作为截面图形的图形。

"移动"、"复制"、"实例"选项：一般默认的是"实例"选项，这样原来的二维图形都将继续保留，如图 5-34 所示。

◎ **"路径参数"卷展栏**

在放样对象的一条路径上，允许有多个不同的截面图形存在，它们共同控制放样对象的外形，如图 5-35 所示。

图 5-33　　　　　　　　　　　　图 5-34　　　　　图 5-35

"路径"参数：设置插入点在路径上的位置。

"捕捉"参数：用于设置沿着路径图形之间的恒定距离。该捕捉值依赖于所选择的测量方法。更改测量方法也会更改捕捉值以保持捕捉间距不变。

"启用"选项：当启用"启用"选项时，"捕捉"处于活动状态。默认设置为禁用状态。

"百分比"选项：将路径级别表示为路径总长度的百分比。

"距离"选项：将路径级别表示为路径第 1 个顶点的绝对距离。

"路径步数"选项：将图形置于路径步数和顶点上，而不是作为沿着路径的一个百分比或距离。

（拾取图形）：将路径上的所有图形设置为当前级别。当在路径上拾取一个图形时，将禁用"捕捉"，且路径设置为拾取图形的级别，会出现黄色的 X。"拾取图形"仅在"修改"面板中可用。

（上一个图形）：从路径级别的当前位置上沿路径跳至上一个图形上。黄色 X 出现在当前级别上。单击此按钮可以禁用"捕捉"。

（下一个图形）：从路径层级的当前位置上沿路径跳至下一个图形上。黄色 X 出现在当前级别上。单击此按钮可以禁用"捕捉"。

◎ **"蒙皮参数"卷展栏**

图 5-36 所示"蒙皮参数"卷展栏。

○ "封口"组

"封口始端"选项：将对模型始端封口。默认设置为启用。

"封口末端"选项：将对模型末端封口。默认设置为启用。

图 5-37 所示左图为封口，右侧为未封口。

图 5-36　　　　　　　　　　　　　　　　　　图 5-37

"变形"选项：按照创建变形目标所需的可预见且可重复的模式排列封口面。变形封口能产生细长的面，与那些采用栅格封口创建的面一样，这些面也不进行渲染或变形。

"栅格"选项：在图形边界处修剪的矩形栅格中排列封口面。此方法将产生一个由大小均等的面构成的表面，这些面可以被其他修改器很容易地变形。

"图形步数"参数：设置截面图形顶点之间的步数，加大它的值会使造型外表皮更平滑。如图 5-38 所示，左图的"图形步数"为 1，右图的"图形步数"为 15。

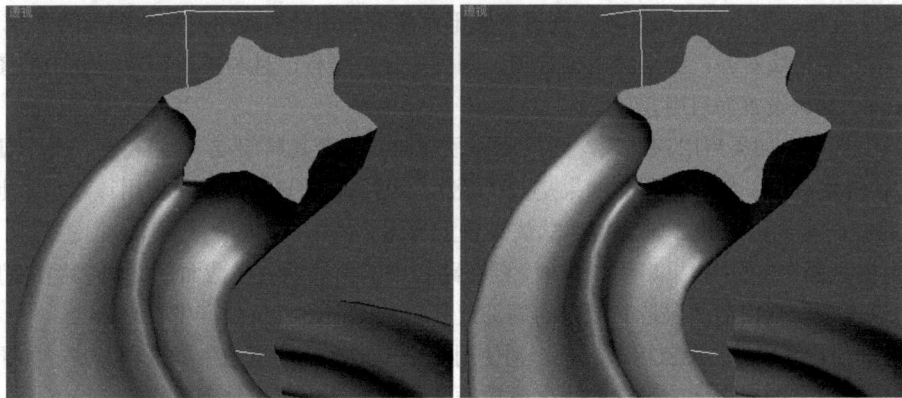

图 5-38

"路径步数"参数：设置路径图形顶点之间的步数，加大它的值会使造型弯曲更平滑。如图 5-39 所示，左图的"路径步数"为 3，右图的"路径步数"为 15。

"优化图形"选项：如果启用该选项，则对于横截面图形的直分段，忽略"图形步数"。如果路径上有多个图形，则只优化在所有图形上都匹配的直分段。默认设置为禁用状态。如图 5-40 所示，左图为未启用"优化图形"选项，右图为勾选了"优化图形"选项。

"自适应路径步数"选项：如果启用该选项，则分析放样，并调整路径分段的数目，以生成最佳蒙皮。主分段将沿路径出现在路径顶点、图形位置和变形曲线顶点处。如果禁用该选项，则主分段将沿路径只出现在路径顶点处。默认设置为启用。

图 5-39

图 5-40

"轮廓"选项：如果启用该选项，则每个图形都将遵循路径的曲率。每个图形的正 Z 轴与形状层级中路径的切线对齐。如果禁用该选项，则图形保持平行，且与放置在层级 0 中的图形保持相同的方向。默认设置为启用。

"倾斜"选项：如果启用该选项，则只要路径弯曲并改变其局部 Z 轴的高度，图形便围绕路径旋转。倾斜量由 3ds Max 控制。如果是 2D 路径，则忽略该选项。如果禁用该选项，则图形在穿越 3D 路径时不会围绕其 Z 轴旋转。默认设置为启用。

"恒定横截面"选项：如果启用该选项，则在路径中的角处缩放横截面，以保持路径宽度一致。如果禁用该选项，则横截面保持其原来的局部尺寸，从而在路径角处产生收缩。

"线性插值"选项：如果启用该选项，则使用每个图形之间的直边生成放样蒙皮。如果禁用该选项，则使用每个图形之间的平滑曲线生成放样蒙皮。默认设置为禁用状态。

"翻转法线"选项：如果在创建放样模型时出现法线内现，勾选该选项即可翻转法线。

"四边形的边"选项：如果启用该选项，且放样对象的两部分具有相同数目的边，则将两部分缝合到一起的面将显示为四方形。具有不同边数的两部分之间的边将不受影响，仍与三角形连接。默认设置为禁用状态。

"变换降级"选项：使放样蒙皮在子对象图形、路径变换过程中消失。例如，移动路径上的顶点使放样消失。如果禁用该选项，则在子对象变换过程中可以看到蒙皮。默认设置为禁用状态。

◎ "变形"卷展栏

物体在放样的同时还可以进行变形修改，在 " （修改）"命令面板底部的"变形"卷展栏中提供了 5 种变形方法，如图 5-41 所示。

"缩放"按钮：在路径截面 x、y 轴向上进行缩放变形，如图 5-42 所示。

图 5-41

图 5-42

"扭曲"按钮：在路径截面 x、y 轴向上进行旋转变形，如图 5-43 所示。

"倾斜"按钮：在路径截面 z 轴向上进行旋转变形，如图 5-44 所示。

图 5-43

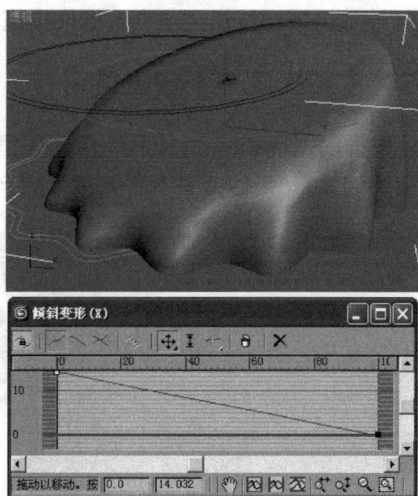

图 5-44

"倒角"按钮：产生倒角变形，如图 5-45 所示。

"拟合"按钮：进行三视图拟合放样控制，如图 5-46 所示。

图 5-45

图 5-46

下面介绍变形面板中几种常用的工具。

⊹（移动控制顶点）按钮：可以移动控制线上的控制点，从而改变控制线的形状。

✓（插入角点）按钮：可以在控制线上加入一个角点。

◢（删除控制点）按钮：将当前选择的控制点删除。

✕（删除控制点）按钮：删除所有控制点（但两端的控制点除外）并恢复曲线的默认值。

⊠（最大化显示）按钮：更改视图放大值，使整个变形曲线可见。

⊠（水平方向最大化显示）按钮：更改沿路径长度进行的视图放大值，使得整个路径区域在对话框中可见。

⊠（垂直方向最大化显示）按钮：更改沿变形值进行的视图放大值，使得整个变形区域在对话框中显示。

⇔（水平缩放）按钮：更改沿路径长度进行的放大值。

⇕（垂直缩放）按钮：更改沿变形值进行的放大值。

🔍（缩放）按钮：更改沿路径长度和变形值进行的放大值，保持曲线的纵横比。

🔍（缩放区域）按钮：在变形栅格中拖曳区域，区域会相应放大，以填充变形对话框。

5.2.5 【实战演练】创建窗帘

创建放样的图形和路径，创建出放样模型后设置模型的"缩放"效果，然后调整图形的位置，完成窗帘的创建。（最终效果参看光盘中的"Cha05 > 效果 > 窗帘.max"，如图 5-47 所示。）

图 5-47

5.3 / 牙膏

5.3.1 【案例分析】

牙膏是人们日常生活中的必需品，它主要放置到卫生间，在设计卫生间效果图时可以作为装饰对象。

5.3.2 【设计理念】

创建圆柱体，调整圆柱体的形状，删除多边形。创建长方体，并删除长方体一侧的多边形。

在圆柱体和长方体支架创建"连接"。（最终效果参看光盘中的"Cha05 > 效果 > 牙膏.max"，如图 5-48 所示。）

图 5-48

5.3.3　【操作步骤】

步骤 1 选择"（创建）>（几何体）> 圆柱体"工具，在"前"视图中创建圆柱体，在"参数"卷展栏中设置"半径"为50、"高度"为400、"高度分段"为1，将其命名为"牙膏"，如图 5-49 所示。

步骤 2 在场景中右击圆柱体，在弹出的快捷菜单中选择"转换为>转换为可编辑多边形"命令。切换到"（修改）"命令面板，将当前选择集定义为"顶点"，在场景中调整顶点，如图 5-50 所示。

图 5-49

图 5-50

步骤 3 将选择集定义为"多边形"，在场景中删除圆柱体两端的多边形，如图 5-51 所示。

步骤 4 选择"（创建）>（几何体）> 长方体"工具，在"顶"视图中创建长方体，在"参数"卷展栏中设置"长度"为25、"宽度"为193、"高度"为15，如图 5-52 所示。

图 5-51　　　　　　　　　　　　　　　　　　　图 5-52

步骤 5 在长方体上右击，在弹出的快捷菜单中选择"转换为 > 转换为可编辑多边形"命令。切换到""命令面板，将当前选择集定义为"多边形"，选择如图 5-53 所示的多边形，按 Delete 键将其删除。

步骤 6 在场景中选择"牙膏"对象，选择" > > 复合对象 > 连接"工具，在"拾取操作对象"卷展栏中单击"拾取操作对象"按钮，在场景中拾取长方体，如图 5-54 所示。

图 5-53　　　　　　　　　　　　　　　　　　　图 5-54

步骤 7 在场景中右击连接形成的"牙膏"对象，在弹出的快捷菜单中选择"转换为>转换为可编辑多边形"命令，将当前选择集定义为"顶点"，在场景中调整顶点，调整出牙膏筒的形状，如图 5-55 所示。

步骤 8 将当前选择集定义为"多边形"，在场景中选择如图 5-56 所示的多边形，在"多边形属性"卷展栏中为其制定同一个"平滑组"，这里选择 1，如图 5-56 所示。

提 示　设置多边形挤出、倒角、连接后模型经常出现晶格的效果，这时需要为其指定同一个"平滑组"，这样模型就可以变得平滑了。

图 5-55

图 5-56

步骤 9 将当前选择集定义为"边界",在场景中选择如图 5-57 所示的边界。

步骤 10 使用"➕（选择并移动）"工具，在"顶"视图中按住 Shift 键移动复制边界，如图 5-58 所示。

图 5-57

图 5-58

步骤 11 将选择集定义为"顶点"，在场景中调整复制出的边界的大小，如图 5-59 所示。

步骤 12 使用同样的方法移动复制出边界，如图 5-60 所示。

步骤 13 将选择集定义为"顶点"，在场景中缩放顶点，如图 5-61 所示。

步骤 14 选择"⬚（创建）＞ ⬚（图形）＞ 星形"工具，在"前"视图中创建星形，在"参数"卷展栏中设置"半径 1"为 27、"半径 2"为 29、"点"为 30、"圆角半径 1"为 1、"圆角半径 2"为 1，并将其命名为"盖"，如图 5-62 所示。

步骤 15 切换到"⬚（修改）"命令面板，在"修改器列表"中选择"挤出"修改器，在"参数"卷展栏中设置"数量"为 45，在场景中调整模型的位置，如图 5-63 所示。

步骤 16 在"盖"模型上右击，在弹出的快捷菜单中选择"转换为＞转换为可编辑多边形"命令，将当前选择集定义为"顶点"，在场景中缩放顶点，如图 5-64 所示。

图 5-59

图 5-60

图 5-61

图 5-62

图 5-63

图 5-64

5.3.4 【相关工具】"连接"工具

使用连接复合对象，可通过对象表面的洞连接两个或多个对象。要执行此操作，请删除每个对象的面，在其表面创建一个或多个洞，并确定洞的位置，以使洞与洞之间面对面，然后应用"连接"。

◎ "拾取操作对象" 卷展栏

"拾取操作对象" 卷展栏如图 5-65 所示。

"拾取操作对象" 按钮：单击此按钮将另一个操作对象与原始对象相连。可以采用一个包含两个洞的对象作为原始对象，并安排另外两个对象，每个对象均包含一个洞并位于洞的外部。单击 "拾取操作对象" 按钮，选择其中一个对象，连接该对象，然后再次单击 "拾取操作对象"，选择另一个对象，连接该对象。这两个连接的对象均被添加至 "操作对象" 列表中。

图 5-65

"参考、复制、移动、实例" 选项：用于指定将操作对象转换为复合对象的方式。它可以作为引用、副本、实例或移动的对象（如果不保留原始对象）进行转换。

> **注 意** 连接只能用于能够转换为可编辑表面的对象，如可编辑网格、可编辑多边形。

◎ "参数" 卷展栏

"参数" 卷展栏，如图 5-66 所示。

"操作对象" 组

"操作对象" 列表：显示当前的操作对象。在列表中单击操作对象，即可选中该对象，可以进行重命名、删除或提取操作。

"名称" 文本框：重命名所选的操作对象。在文本框中键入新的名称，然后按 Tab 键或 Enter 键。

"删除操作对象" 按钮：将所选操作对象从列表中删除。

"提取操作对象" 按钮：提取选中操作对象的副本或实例。在列表中选择一个操作对象即可启用此按钮。

图 5-66

> **注 意** "提取操作对象" 按钮仅在 "（修改）" 命令面板中可用。如果当前为 "创建" 面板，则无法提取操作对象。

"实例、复制" 选项：指定提取操作对象的方式作为实例或副本提取。

"差值" 组

"分段" 参数：设置连接桥中的分段数目。

"张力" 参数：控制连接桥的曲率。值为 0 表示无曲率，值越高，匹配连接桥两端的表面法线的曲线越平滑。"分段" 设置为 0 时，此微调器无明显作用。

"平滑" 组

"桥" 选项：在连接桥的面之间应用平滑。

"末端" 选项：在和连接桥新旧表面接连的面与原始对象之间应用平滑。如果禁用，系统将给桥指定一个新的材质 ID。新的 ID 将高于为两个原始对象所指定的最高的 ID。如果启用，则采用其中一个原始对象中的 ID。

5.3.5 【实战演练】创建哑铃

创建放样的图形和路径，创建出放样模型后设置模型的 "缩放" 效果，并调整图形的位置，完成哑铃的创建。（最终效果参看光盘中的 "Cha05 > 效果 > 哑铃.max"，如图 5-67 所示。）

中等职业教育数字艺术类规划教材

图 5-67

5.4 综合演练——创建显示器

创建图形，通过"放样"创建基本模型，将制作出的模型作为布尔对象，通过布尔完成模型的制作。（最终效果参看光盘中的"Cha05 > 效果 > 显示器.max"，如图 5-68 所示。）

图 5-68

5.5 综合演练——创建欧式圆桌

使用布尔制作圆桌的凹面，使用样条线创建桌腿的图形，施加"挤出"命令制作桌腿。（最终效果参看光盘中的"Cha05 > 效果 > 欧式圆桌.max"，如图 5-69 所示。）

图 5-69

第6章 几何体的形体变化

现实中的物体造型是千变万化的,很多模型都需要对创建的几何体或图形修改后才能达到理想的状态,3ds Max 9 提供了很多三维变形修改命令,通过这些修改命令可以创建出几乎所有的模型。

形体变化的效果可用于类似汽车或坦克的计算机动画中,也可用于构建类似椅子和雕塑这样的图形。

课堂学习目标

- 掌握 FFD 自由形式变形
- 了解 NURBS 建模

6.1　叠好的毛巾

6.1.1　【案例分析】

毛巾是人们每天都要使用的物品,本案例制作一摞叠好的毛巾。

6.1.2　【设计理念】

使用切角长方体工具创建毛巾的基本模型,为模型设置足够的长宽分段,使用 FFD 自由形式变形工具调整模型至折叠的效果。(最终效果参看光盘中的"Cha06 > 效果 > 叠好的毛巾.max",如图 6-1 所示。)

图 6-1

6.1.3 【操作步骤】

步骤 1 选择"⚄（创建）> ⚄（几何体）> 扩展基本体 > 切角长方体"工具，在"顶"视图中创建模型，在"参数"卷展栏中设置"长度"为450、"宽度"为180、"高度"为4、"圆角"为1、"长度分段"为40、"宽度分段"为20、"高度分段"为1、"圆角分段"为3，并将其命名为"毛巾01"，如图6-2所示。

步骤 2 切换到"⚄（修改）"命令面板，在"修改器列表"中选择"FFD（长方体）"命令，在"FFD参数"卷展栏中单击"设置点数"按钮，在弹出的对话框中设置"长度"为10，单击"确定"按钮，如图6-3所示。

技 巧 在调整控制点时，可以选择每组控制点结合使用移动和旋转工具调整每组控制点，直至调整到满意的效果为止。

图6-2

图6-3

步骤 3 将当前选择集定义为"控制点"，在"左"视图中调整控制点，如图6-4所示。

图6-4

步骤 4 在场景中复制并调整模型，如图6-5所示。

步骤 5 在"修改器列表"中为复制的模型再次施加"FFD4×4×4"，调整毛巾自然下垂的效果，如图6-6所示。

图 6-5

图 6-6

6.1.4 【相关工具】"FFD（长方体）"修改器

FFD 修改器是用晶格框包围选中几何体，通过调整晶格的控制点，可以改变封闭几何体的形状。"FFD"命令可分为 5 种，即"FFD2×2×2"、"FFD3×3×3"、"FFD4×4×4"、"FFD（长方体）"和"FFD（圆柱体）"。

无论是哪种类型的 FFD 命令，在执行该命令后需进入"控制点"子物体，如图 6-7 所示，才能在视图中对控制点进行移动、旋转、缩放等变换，从而实现模型的自由变形。

下面以"FFD4×4×4"为例介绍其修改器卷展栏中常用的命令，如图 6-8 所示为"FFD 参数"卷展栏。

图 6-7

图 6-8

"显示"组

"晶格"选项：绘制连接控制点的线条以形成栅格。虽然绘制的线条某时会使视口显得混乱，但它们可以使晶格形象化。

"源体积"选项：控制点和晶格会以未修改的状态显示。当在"晶格"选择级别上时，将帮助摆放源体积位置。

"变形"组

"仅在体内"选项：只有位于源体积内的顶点会变形。默认设置为启用。

"所有顶点"选项：将所有顶点变形，不管它们位于源体积的内部还是外部。体积外的变形是对体积内的变形的延续。远离源晶格的点的变形可能会很严重。

"控制点"组

"重置"按钮：将所有控制点返回到它们的原始位置。

6.1.5　【实战演练】创建会客室沙发

创建切角长方体作为沙发的靠背和坐垫，使用 FFD 命令调整模型的形状。创建可渲染的样条线作为沙发的支架。（最终效果参看光盘中的"Cha06 > 效果 > 会客室沙发.max"，如图 6-9 所示。）

图 6-9

6.2　金元宝

6.2.1　【案例分析】

金元宝由贵重的黄金或白银制成，一般白银居多，黄金稀见。在中国货币史上，正式把金银称作"元宝"。本案例制作金元宝效果图。

6.2.2　【设计理念】

创建球体，将球体转换为"NURBS 曲面"，然后通过"曲面 CV"调整模型的形状。（最终效果参看光盘中的"Cha06 > 效果 > 金元宝.max"，如图 6-10 所示。）

图 6-10

6.2.3 【操作步骤】

步骤 1 选择 " （创建）> （几何体）> 球体" 工具，在 "顶" 视图中创建球体，设置 "分段" 为 50，如图 6-11 所示。

步骤 2 在场景中右击球体模型，在弹出的快捷菜单中选择 "转换为>转换为 NURBS" 命令，如图 6-12 所示。

图 6-11

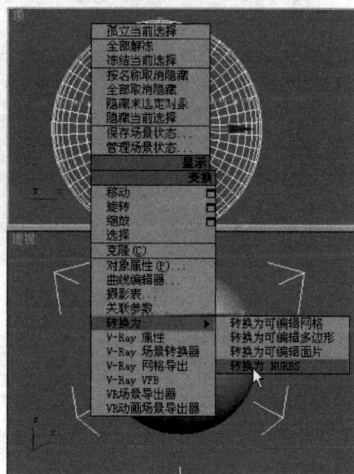

图 6-12

步骤 3 切换到 " （修改）" 命令面板，将当前选择集定义为 "曲面 CV"，在场景中选择如图 6-13 所示的曲面 CV。

步骤 4 用鼠标右击工具栏中的 " （选择并均匀缩放）" 工具，在弹出的对话框中设置缩放参数，如图 6-14 所示。

步骤 5 使用 " （选择并移动）" 工具，在场景中调整 "曲面 CV"，如图 6-15 所示。

步骤 6 使用 " （选择并均匀缩放）" 工具，在 "顶" 视图中沿 y 轴对模型进行缩放，如图 6-16 所示。

步骤 7 在场景中继续调整模型的形状，如图 6-17、图 6-18 所示。

图 6-13

图 6-14

图 6-15

图 6-16

图 6-17

图 6-18

步骤 8 选择如图 6-19 所示的 CV 点。

步骤 9 调整 CV 点，如图 6-20 所示。

图 6-19

图 6-20

6.2.4 【相关工具】NURBS

下面以实例的方法介绍常用的工具命令。

◎ **创建 NURBS 曲线**

选择"（创建）> （图形）> NURBS 曲线 > 点曲线"工具，在视图中创建点曲线。点曲线的创建与"线"工具的创建不同，它以创建点来规定曲线的拐角，创建出的 NURBS 曲线是平滑曲线，如图 6-21 所示。

CV 曲线是由控制点 CV 控制的，CV 不位于曲线上，它们定义一个包含曲线的控制晶格，每一 CV 具有一个权重，可通过调整它来更改曲线，图 6-22 所示为创建的 CV 曲线。

图 6-21

图 6-22

与图形相同的是，NURBS 曲线也拥有子物体层级，也可以调整曲线的形状，如图 6-23 所示。

◎ **创建 NURBS 曲面**

选择"（创建）> （几何体）> NURBS 曲面 > 点曲面"工具，在场景中创建点曲面或 CV 曲面，如图 6-24 所示。

图 6-23

图 6-24

切换到 "（修改）" 命令面板，从中可以对 "点" 或 "CV" 调整模型，如图 6-25 所示。

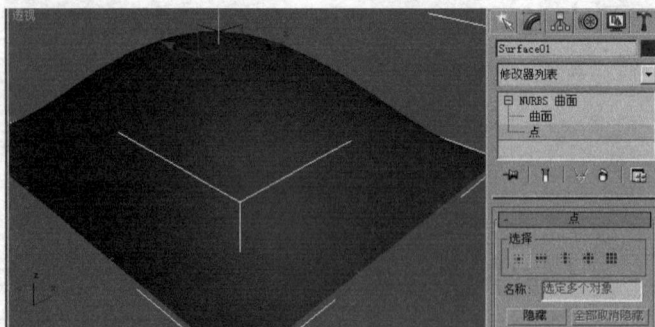

图 6-25

◎ NURBS 工具箱

下面介绍几种 NURBS 工具箱中常用的工具。

（创建车削曲面）按钮：在至少包含一条曲线的 NURBS 对象中，启用 "车削"，如图 6-26 所示。切换到 "（修改）" 命令面板，在 "NURBS" 工具箱中选择 "（创建车削曲面）" 按钮，在场景中选择需要车削的曲线创建车削。图 6-27 所示为车削模型后的效果。

（创建 U 向放样曲面）按钮：在至少包含两条曲线的 NURBS 对象中，启用 "U 放样"。图 6-28 所示为创建的放样曲线。

在场景中调整放样曲线如图 6-29 所示，将创建的放样曲线附加在一起，如图 6-30 所示，在

CHAPTER 6

工具箱中选择"　（创建 U 向放样曲面）"按钮。

图 6-26

图 6-27

图 6-28

图 6-29

图 6-30

依次选择创建的放样曲线，如图 6-31 所示。

图 6-31

（创建曲面上的 CV 曲线）按钮：使用该工具在曲面上可以创建曲线，如图 6-32 所示。在曲面上创建了 CV 曲线后，修改命令面板中可以修剪出 CV 曲线中的曲面，如图 6-33 所示。

图 6-32   图 6-33

（创建挤出曲面）按钮：在至少包含一条曲线的 NURBS 对象中，启用"挤出"，如图 6-34 所示。

（创建封口曲面）按钮：在 NURBS 对象中，启用"封口"，如图 6-35 所示。

图 6-34   图 6-35

6.2.5 【实战演练】创建高脚杯

创建 NURBS 曲线。并使用 NURBS 工具箱中的 （创建车削曲面）工具车削出模型。（最终效果参看光盘中的"Cha06＞ 效果 ＞ 高脚杯.max"，如图 6-36 所示。）

图 6-36

6.3 综合演练——创建棒球棒

创建图形，并将其转换为可编辑 NURBS 曲线，复制圆形，并调整圆的大小，将图形附加后使用 🖼 （创建 U 向放样曲面）和 🖼 （创建封口曲面）工具创建模型。（最终效果参看光盘中的"Cha06 > 效果 > 棒球棒.max"，如图 6-37 所示。）

图 6-37

6.4 综合演练——创建休闲沙发

创建切角圆柱体创建沙发靠背，创建样条线创建沙发坐垫和沙发靠背，使用"倒角"和"FFD"修改器完成以上操作，再使用可渲染的样条线创建支架，完成休闲沙发的创建。（最终效果参看光盘中的"Cha06 > 效果 > 休闲沙发.max"，如图 6-38 所示。）

图 6-38

第7章 材质和纹理贴图

Vray 是目前最优秀的渲染插件之一。尤其是在产品渲染和室内外效果图制作中，Vray 几何可以称得上是速度最快、渲染效果数一数二的渲染软件极品。

Vray 渲染器的材质类型较多，3ds Max 9 材质系统中的标准材质，通过 Vray 材质也可以进行漫反射、反射、折射、透明、双面等基本设置，但该材质类型必须在当前渲染器类型为 Vray 时才能使用，而贴图系统中 Vray 贴图类似于 3ds Max 9 贴图系统中的光线跟踪贴图，只是功能更加强大。

课堂学习目标

- 掌握 3ds Max 9 的标准材质的设置
- 掌握 Vray 材质的设置
- 了解 Vray 材质的应用

7.1 公共座椅材质的设置

7.1.1 【案例分析】

本案例介绍使用 3ds Max 9 默认材质设置公共座椅的材质。

7.1.2 【设计理念】

使用位图贴图设置木纹材质，使用金属材质类型设置金属材质。（最终效果参看光盘中的 "Cha07 > 效果 > 公共座椅材质的设置 ok.max"，如图 7-1 所示。）

图 7-1

7.1.3 【操作步骤】

步骤 1 运行 3ds Max 9，在菜单栏中选择"文件 > 打开"命令，打开素材文件（素材文件为光盘中的"Cha07> 效果 > 公共座椅材质的设置.max"），打开的场景如图 7-2 所示。

步骤 2 在工具栏中单击"⬛（按名称选择）"（快捷键 H）按钮，在弹出的"选择对象"对话框中选择"木"组，如图 7-3 所示。

图 7-2   图 7-3

步骤 3 在工具栏中单击"🔲（材质编辑器）"按钮，在弹出的"材质编辑器"面板中选择一个新的材质样本球，并将其命名为"木纹"，如图 7-4 所示。

步骤 4 在"贴图"卷展栏中单击"漫反射颜色"右侧的"None"按钮，在弹出的"材质/贴图浏览器"对话框中选择"位图"贴图，如图 7-5 所示，单击"确定"按钮，在弹出的对话框中选择位图贴图（素材文件为光盘中的"Cha07> 贴图 >03（1）b.jpg"）。

图 7-4   图 7-5

步骤 5 指定贴图文件后，进入"漫反射贴图"层级面板，在"坐标"卷展栏中使用默认参数。在"位图参数"卷展栏中单击"裁剪/放置"组中的"查看图像"按钮，在弹出的"指定裁剪/放置"面板中裁剪贴图,勾选"应用"选项,如图7-6所示。

单击"🔺(转到父对象)"按钮,回到主材质面板,单击"🔳(将材质指定给选定对象)"按钮,将材质指定给场景中的选择对象。

步骤 `6` 在场景中选择作为金属的支架对象,在"材质编辑器"面板中选择一个新的材质样本球,并将其命名为"金属",如图7-7所示。

在"明暗器基本参数"卷展栏中选择明暗器类型为"金属"。

在"金属基本参数"卷展栏中单击"环境光"和"漫反射"的"🔳(关联)"按钮取消关联,设置"环境光"的RGB为0、0、0,设置"漫反射"的RGB为255、255、255;设置"反射高光"组中的"高光级别"为100、"光泽度"为86。

图7-6   图7-7

步骤 `7` 在"贴图"卷展栏中单击"反射"右侧的"None"按钮,在弹出的"材质/贴图浏览器"对话框中选择"位图"贴图,如图7-8所示,单击"确定"按钮,在弹出的对话框中选择位图贴图(素材文件为光盘中的"Cha07 > 贴图 > 金属08.jpg")。

图7-8

步骤 8　进入贴图层级面板，在"位图参数"卷展栏中单击"查看图像"按钮，在弹出的"指定裁剪/放置"面板中裁剪图像，勾选"应用"选项，如图 7-9 所示。

单击"![icon]（转到父对象）"按钮，回到主材质面板，单击"![icon]（将材质指定给选定对象）"按钮，将材质指定给场景中的选择对象。

步骤 9　渲染场景后的效果如图 7-10 所示。

图 7-9　　　　　　　　　　　　　　　　　　　　图 7-10

7.1.4　【相关工具】

1. 认识"材质编辑器"

3ds Max 9 的材质编辑器是一个独立的模块，可以通过"渲染 > 材质编辑器"命令或在工具栏中单击"![icon]（材质编辑器）"按钮（或使用快捷键 M），打开"材质编辑器"面板，如图 7-11 所示。

"材质编辑器"面板中各部分的功能如下。

标题栏用于显示当前材质的名称，如图 7-12 所示。

菜单栏将最常用的材质编辑命令放在其中，如图 7-13 所示。

实例窗用于显示材质编辑的情况，如图 7-14 所示。

工具按钮行用于进行快捷操作，如图 7-15 所示。

图 7-11

图 7-12

图 7-13

参数控制区用于编辑和修改材质效果，如图 7-16 所示。

图 7-14   图 7-15   图 7-16

下面简单的介绍常用的工具按钮。

（获取材质）按钮：用于从材质库中获取材质，材质库文件为.mat 文件。

（将材质指定给选定对象）按钮：用于指定材质。

（在视口中显示贴图）按钮：用于在视图中显示贴图。

（转到父对象）按钮：用于返回材质的上一层。

（转到下一个同级项）按钮：用于从当前材质层转到同一层的另一个贴图或材质层。

（背景）按钮：用于增加方格背景，常用于编辑透明材质。

（按材质选择）按钮：用于根据材质选择场景物体。

2. "明暗器基本参数"卷展栏

"明暗器基本参数"卷展栏可用于选择标准材质的明暗器类型。选择一个明暗器，材质的"基本参数"卷展栏可更改为显示所选明暗器的控件。默认明暗器为 Blinn，如图 7-17 所示。

"Blinn"：适用于圆形物体，这种情况高光要比 Phong 着色柔和。

"金属"：适用于金属表面。

"各向异性"：适用于椭圆形表面，这种情况有"各向异性"高光。如果为头发、玻璃或磨砂金属建模，这些高光很有用。

"多层"：适用于比各向异性更复杂的高光。

"Oren-Nayar-Blinn"：适用于无光表面（如纤维或赤土）

"Phong"：适用于具有强度很高的、圆形高光的表面。

"Strauss"：适用于金属和非金属表面。Strauss 明暗器的界面比其他明暗器的简单。

"半透明明暗器"：与 Blinn 着色类似，"半透明明暗器"也可用于指定半透明，这种情况下光线穿过材质时会散开。

"线框"选项：以线框模式渲染材质。用户可以在扩展参数上设置线框的大小，如图 7-18 所示。

图 7-17   图 7-18

"双面"选项：使材质成为两面，即将材质应用到选定面的双面。如图 7-19 所示，左图为未使用双面选项，右图为勾选双面选项。

图 7-19

"面贴图"选项：将材质应用到几何体的各面。如果材质是贴图材质，则不需要贴图坐标。如图 7-20 所示，左图为未使用面贴图，右图为勾选了面贴图。

图 7-20

"面状"选项：就像表面是平面一样，渲染表面的每一面。

3. "基本参数"卷展栏

"基本参数"卷展栏因所选的明暗器而异，下面以"Blinn 基本参数"卷展栏为例介绍常用的工具和命令，如图 7-21 所示。

图 7-21

"环境光"：控制环境光颜色。环境光颜色是位于阴影中的颜色（间接灯光）。

"漫反射"：控制漫反射颜色。漫反射颜色是位于直射光中的颜色。

"高光反射"：控制高光反射颜色。高光反射颜色是发光物体高亮显示的颜色。

"自发光"组：自发光使用漫反射颜色替换曲面上的阴影，从而创建白炽效果。当增加自发光时，自发光颜色将取代环境光。如图 7-22 所示，左图的自发光参数为 0，右图的自发光参数为 80。

图 7-22

"不透明度"参数：控制材质是不透明、透明还是半透明。

"反射高光"组

"高光级别"参数：影响反射高光的强度。随着该值的增大，高光将越来越亮。

"光泽度"参数：影响反射高光的大小。随着该值的增大，高光将越来越小，材质将变得越来越亮。

"柔化"参数：柔化反射高光的效果。

4. "贴图"卷展栏

"贴图"卷展栏包含每个贴图类型的按钮。单击此按钮可选择磁盘上存储的位图文件，或者选择程序性贴图类型。选择位图之后，它的名称和类型会出现在按钮上。使用按钮左边的复选框，可禁用或启用贴图效果，如图 7-23 所示。下面介绍常用的集中贴图类型。

"漫反射颜色"贴图：可以选择位图文件或程序贴图，将图案或纹理指定给材质的漫反射颜色。

"自发光"贴图：可以选择位图文件或程序贴图来设置自发光值的贴图，这样将使对象的部分出现发光。贴图的白色区域渲染为完全自发光。不使用自发光渲染黑色区域。灰色区域渲染为部分自发光，具体情况取决于灰度值。

图 7-23

"不透明度"贴图：可以选择位图文件或程序贴图来生成部分透明的对象。贴图的浅色（较高的值）区域渲染为不透明，深色区域渲染为透明，深色与浅色之间的值渲染为半透明。

"反射"贴图：设置贴图的反射，可以选择位图文件设置金属和瓷器的反射图像。

"折射"贴图：折射贴图类似于反射贴图。它将视图贴在表面上，这样图像看起来就像透过表面所看到的一样，而不是从表面反射的样子。

7.1.5 【实战演练】中式椅子材质的设置

设置漫反射贴图为位图，并指定一个位图木纹贴图。（最终效果参看光盘中的"Cha07 > 效果 > 中式椅子材质的设置 ok.max"，如图 7-24 所示。）

图 7-24

7.2 餐桌椅材质的设置

7.2.1 【案例分析】

本案例介绍使用 Vray 制作木质餐桌椅，主要介绍木纹材质的设置。

7.2.2 【设计理念】

使用 VrayMtl 设置漫反射贴图，指定木纹贴图，设置木纹材质的反射，完成木纹材质的设置。然后再使用 VrayMtl 设置一个布料坐垫材质。（最终效果参看光盘中的"Cha07 > 效果 > 餐桌椅材质的设置 ok.max"，如图 7-25 所示。）

图 7-25

7.2.3 【操作步骤】

步骤 1 运行 3ds Max 9，在菜单栏中选择"文件 > 打开"命令，打开素材文件（素材文件为光盘中的"Cha07 > 效果 > 餐桌椅材质的设置 o.max"），打开的场景如图 7-26 所示。

步骤 2 打开素材场景渲染的效果，如图 7-27 所示。

提 示 由于在本章中主要介绍材质的设置，所以这里提供的素材文件中是已经创建灯光和摄影机的场景，涉及摄影机和灯光的内容将在后续章节中介绍。

图 7-26

图 7-27

技 巧 在制作室内效果图时，涉及的家具大多数是使用现有模型库中的场景文件，这时打开的场景文件不能直接合并到制作的室内框架中，需要将使用到的模型打开，再次检查是否材质齐全，或重新制定材质。所以，打开一个场景文件时渲染看一下效果，是一个比较好的习惯。

步骤 3 由于将为场景中的模型使用 Vray 材质，所以需要将当前的渲染器指定为 Vray，其操作如下：

在工具栏中单击" （渲染设置）"按钮，打开"渲染场景"面板，在"指定渲染器"卷栅栏中单击"产品级"右侧的"   （选择渲染器）"按钮，在弹出的对话框中指定 Vray，如图 7-28 所示。

图 7-28

1. 布料材质的设置

步骤 1 在场景中选择作为布料的坐垫，在工具栏中单击" （材质编辑器）"按钮，打开"材质编辑器"面板，从中选择一个新的材质样本球，并将其命名为"红色布料"，单击名称右侧的"Standard"按钮，在弹出的"材质/贴图浏览器"对话框中选择"VrayMtl"贴图，如图 7-29 所示，单击"确定"按钮，将当前的材质样本球转换为 Vray 材质。

图 7-29

步骤 2 在"基本参数"卷展栏中单击"漫射"组中"漫射"右侧的灰色按钮 ▊，在弹出的"材质/贴图浏览器"对话框中选择"衰减"贴图，如图 7-30 所示，单击"确定"按钮。

图 7-30

步骤 3 指定"衰减"贴图后，在"漫反射贴图"层级面板中设置"衰减参数"卷展栏中的"前；侧"颜色分别为红色和白色，如图 7-31 所示。

步骤 4 在"混合曲线"卷展栏中单击" ▟ （添加点）"按钮，在曲线上添加控制点，并使用" ✛ （移动）"工具在添加的点上右击，在弹出的快捷菜单中选择"Bezier-平滑"，如图 7-32 所示。

图 7-31

图 7-32

步骤 5 调整曲线，如图 7-33 所示，单击"⚙（转到父对象）"按钮，回到"材质编辑器"主面板。

在场景中选择坐垫对象，单击"⚙（将材质指定给选定对象）"按钮，将材质指定给场景中的选择对象。

2. 木纹材质的设置

步骤 1 在"材质编辑器"面板中选择一个新的材质样本球，并将其命名为"木纹"，将该材质样本球转换为 VrayMtl 材质。

在"基本参数"卷展栏中单击"漫射"组中"漫射"右侧的▉按钮，在弹出的"材质/贴图浏览器"对话框中选择"位图"贴图，如图 7-34 所示，单击"确定"按钮。

图 7-33

图 7-34

步骤 2 在弹出的"选择位图图像文件"对话框中选择位图文件（贴图路径为"Cha07 > 贴图> wood_B.jpg"）如图 7-35 所示，单击"打开"按钮。

步骤 3 指定位图贴图后进入图贴图层级面板，如图 7-36 所示，使用默认参数即可，单击"![转到父对象]（转到父对象）"按钮。

图 7-35

图 7-36

步骤 4 在"基本参数"卷展栏中设置"反射"组"反射"的 RGB 为 38、38、38，设置"光泽度"为 0.8，如图 7-37 所示。

在场景中选择餐桌椅对象，单击"![将材质指定给选定对象]（将材质指定给选定对象）"按钮，将材质指定给场景中的选择对象。

步骤 5 设置完成后，在工具栏中单击"![快速渲染]（快速渲染）"按钮，对场景进行渲染，完成后的效果如图 7-38 所示。

图 7-37

图 7-38

7.2.4 【相关工具】

1. Vray "基本参数" 卷展栏

"漫射"组

用于控制材质的漫反射颜色，还可以通过贴图设置漫射，如图 7-39 所示。

"反射"组

"反射"：反射组中的反射颜色框决定物体的反射效果，黑色代表不反射，白色代表完全反射，如图 7-40 所示反射的前后效果。

"高光光泽度"：这是一盏 Vray 灯光在物体上产生的反射光亮，该值在默认情况下不可用，必须单击后面的 L 按钮才能调整。

"光泽度"：参数为 0.8，在材质窗口中可以看到产生了高光，并且表面的反射也变得模糊，同时渲染时间也要增加。

"细分"参数：决定模糊的质量，"细分"值越大反射模糊的品质越高，渲染的时间越长。

图 7-39

图 7-40

2. "衰减"贴图

"衰减"贴图放在"漫射"上，可以制作出布料边上毛茸茸的感觉；放在"折射"上，可以制作出有质感的晶体；放在"透明度"上可以制作出天鹅绒的效果……

"衰减"贴图可以创建半透明的外观，其贴图基于几何体曲面上面法线的角度，由衰减来生成从白到黑的值，用于指定角度衰减的方向会随着所选的方向而改变。图 7-41 所示为"衰减参数"卷展栏。

图 7-41

7.2.5 【实战演练】沙发组合材质的设置

通过使用漫射设置木纹茶几面的效果，通过反射参数设置金属支架材质，使用衰减贴图设置沙发布料。（最终效果参看光盘中的"Cha07 > 效果 > 沙发组合材质的设置 ok.max"，如图 7-42 所示。）

图 7-42

7.3 大理石装饰材质的设置

7.3.1 【案例分析】

大理石具有独特的颜色和花纹，本案例介绍大理石装饰材质的设置。

7.3.2 【设计理念】

通过为漫射指定大理石贴图来模拟大理石的纹理，并结合使用反射设置大理石的光泽。（最终效果参看光盘中的"Cha07 > 效果 > 大理石装饰材质的设置 ok.max"，如图 7-43 所示。）

图 7-43

7.3.3 【操作步骤】

步骤 1 运行 3ds Max 9，在菜单栏中选择"文件 > 打开"命令，打开素材文件（素材文件为光盘中的"Cha07 > 效果 > 大理石装饰材质的设置 o.max"），打开的场景如图 7-44 所示。

步骤 2 打开素材场景渲染的效果，如图 7-45 所示。

图 7-44   图 7-45

步骤 3 切换到"（修改）"命令面板，在修改器堆栈中选择"可编辑多边形"修改器，将当前选择集定义为"多边形"，在场景中选择如图 7-46 所示的多边形，在"多边形属性"卷展栏中设置"设置 ID"参数为 1，如图 7-46 所示。

步骤 4 按 Ctrl+I 组合键，将选择的多边形反选，并设置"设置 ID"为 2，如图 7-47 所示。

图 7-46   图 7-47

步骤 5 设置当前渲染器为 Vray，按 M 键打开"材质编辑器"面板，从中选择一个新的材质样本球，并将其命名为"石头材质"，单击名称右侧的"Standard"按钮，在弹出的"材质/贴图浏览器"中选择"多维/子对象"，如图 7-48 所示，单击"确定"按钮。

步骤 6 在"多维/子对象基本参数"卷展栏中单击"设置数量"按钮，在弹出的"设置材质数量"对话框中设置"材质数量"为 2，如图 7-49 所示，单击"确定"按钮。

步骤 7 单击 1 号材质后的灰色长条按钮，进入 1 号材质面板，单击名称右侧的"Standard"按钮，在弹出的"材质/贴图浏览器"对话框中选择"VRayMtl"，如图 7-50 所示，单击"确定"按钮，将材质转换为"VRayMtl"。

步骤 8 进入 VRayMtl 材质面板，在"漫射"组中单击"漫射"右侧的 ▓ 按钮，在弹出的对话框中选择位图文件（贴图路径为"Cha07 > 贴图 > 大理石 01.jpg"）如图 7-51 所示，单击"打开"按钮。

图 7-48

图 7-49

图 7-50

图 7-51

步骤 9 指定贴图后,在"反射"组中单击"反射"右侧的色块,在弹出的对话框中设置 RGB 参数为 33、33、33,如图 7-52 所示。

步骤 10 在"贴图"卷展栏中将"漫射"贴图拖曳到"凹凸"通道右侧的贴图按钮上,在弹出的"复制(实例)贴图"对话框中选择"复制"选项即可,如图 7-53 所示。

步骤 11 使用同样的方法指定 2 号材质,为 2 号材质指定的贴图文件(贴图路径为"Cha07 > 贴图 > 大理石 02.jpg"),如图 7-54 所示。

在场景中选择模型,单击"📦(将材质指定给选定对象)"按钮,将材质指定给场景中的选定对象。

步骤 12 设置完成后,在工具栏中单击"🍩(快速渲染)"按钮对场景进行渲染,完成后的效果如图 7-55 所示。

图 7-52

图 7-53

图 7-54

图 7-55

7.3.4 【相关工具】

1. "多维/子对象"材质

使用"多维/子对象"材质可以采用几何体的子对象级别分配不同的材质。创建多维材质，将其指定给对象并使用网格选择修改器选中面，然后选择多维材质中的子材质指定给选中的面，或者为选定的面指定不同的材质 ID 号，并设置对应 ID 号的材质。图 7-56 所示为"多维/子对象基本参数"卷展栏。

"设置数量"按钮：单击该按钮，在弹出的对话框中设置子材质的数量。

"添加"按钮：单击可将新子材质添加到列表中。

图 7-56

"删除"按钮：单击该按钮可从列表中移除当前选中的子材质。

2. "凹凸"贴图

凹凸贴图使对象的表面看其来凹凸不平或呈现不规则形状，用户可以选择一个位图或一个程序贴图作为凹凸贴图。用凹凸贴图材质渲染对象时，贴图较明亮（较白）的区域看上去被提升，而较暗（较黑）的区域看上去被降低。

提 示 在视口中不能预览凹凸贴图的效果，必须渲染场景才能看到。

凹凸贴图使用贴图的强度影响材质表面。在这种情况下，强度影响表面凹凸的明显程度为白色区域突出，黑色区域后退，如图 7-57 所示。

图 7-57

利用凹凸贴图的"数量"调节凹凸程度。较高的值渲染产生较大的浮雕效果；较低的值渲染产生较小的浮雕效果，如图 7-58 所示。

中等职业教育数字艺术类规划教材

图 7-58

7.3.5 【实战演练】浴盆材质的设置

设置 VRay 的漫射和反射颜色来制作浴盆的瓷器和塑料材质，使用反射制作浴盆中的金属构件。（最终效果参看光盘中的"Cha07 > 效果 > 浴盆材质的设置 ok.max"，如图 7-59 所示。）

图 7-59

7.4 蜡烛、红酒材质的设置

7.4.1 【案例分析】

浪漫的餐厅、浪漫的烛光晚餐都离不开蜡烛与红酒的搭档，尤其在家居中，蜡烛和红酒已经成为不可少的装饰对象。本案例介绍蜡烛、红酒材质的设置。

7.4.2 【设计理念】

设置 VRay 的反射和折射参数制作出玻璃材质，而蜡烛材质涉及"子面散射"材质的表现，"子面散射"材质就是在物体内部产生漫射、反射、折射和吸收所形成的半透明效果。（最终效果参看光盘中的"Cha07 > 效果 > 蜡烛、红酒材质的设置 ok.max"，如图 7-60 所示。）

图 7-60

7.4.3 【操作步骤】

步骤 1 运行 3ds Max 9，在菜单栏中选择"文件 > 打开"命令，打开素材文件（素材文件为光盘中的"Cha07 > 效果 > 蜡烛、红酒材质的设置 ok.max"），打开的场景如图 7-61 所示。

步骤 2 打开素材场景渲染的效果，如图 7-62 所示。

图 7-61

图 7-62

步骤 3 按 M 键，打开"材质编辑器"面板，选择一个新的材质样本球，并将其命名为"蜡烛"，如图 7-45 所示，将材质转换为 VRayMtl 材质。

在"基本参数"卷展栏中设置"漫射"组中"漫射"的 RGB 为 247、215、180；在"反射"组中设置"反射"的 RGB 为 36、36、36，设置"光泽度"为 0.7；在"折射"组中设置"折射"的 RGB 为 195、195、195，设置"光泽度"为 0.2，设置"烟雾颜色"的 RGB 为 254、196、82，设置"烟雾倍增"为 60；在"半透明"组中选择"类型"为"硬铅模型"，设置"厚度"为 20、"散布系数"为 0.2、"前/后驱动系数"为 0.2、"灯光倍增"为 60。勾选"使用插值"和"影响阴影"选项，如图 7-63 所示。

步骤 4 在"反射插值"卷展栏中设置"最小比率"为-3、"最大比率"为 1、"插补采样值"为 20。

在"折射插值"卷展栏中设置"最小比率"为-3、"最大比率"为 1、"插补采样值"为 80，如图 7-64 所示。

在场景中选择蜡烛材质，单击"（将材质指定给选定对象）"按钮，将材质指定给场景中的蜡烛对象。

图 7-63   图 7-64

步骤 5 选择一个新的材质样本球，并将其命名为"金属"，如图 7-65 所示，将材质转换为 VRayMtl 材质。

在"基本参数"卷展栏中设置"反射"组中"反射"的 RGB 为 217、217、217，设置"光泽度"为 0.8。

在场景中选择蜡烛支架，单击"（将材质指定给选定对象）"按钮，将材质指定给场景中的蜡烛支架对象。

步骤 6 选择一个新的材质样本球，并将其命名为"玻璃杯"，如图 7-66 所示，将材质转换为 VRayMtl 材质。

在"基本参数"卷展栏中设置"反射"组中"反射"的 RGB 为 65、65、65，设置"光泽度"为 0.9；在"折射"组中设置"折射"的 RGB 为 239、239、239。

在场景中选择酒杯，单击"![图标]（将材质指定给选定对象）"按钮，将材质指定给场景中的酒杯对象。

图 7-65

图 7-66

步骤 7　选择一个新的材质样本球，并将其命名为"红酒瓶"，如图 7-67 所示，将材质转换为 VRayMtl。

在"基本参数"卷展栏中设置"漫射"组中"漫射"的 RGB 为 33、0、0；在"反射"组中设置"反射"的 RGB 为 33、33、33，设置"光泽度"为 0.8；在"折射"组中设置"折射"的 RGB 为 33、33、33。

在场景中选择红酒酒瓶，单击"![图标]（将材质指定给选定对象）"按钮，将材质指定给场景中的红酒酒瓶对象。

步骤 8　选择一个新的材质样本球，将其命名为"酒瓶盖"，如图 7-68 所示，将材质转换为 VRayMtl 材质。

在"基本参数"卷展栏中设置"漫射"组中"漫射"的 RGB 为 25、0、0；在"反射"组中设置"反射"的 RGB 为 18、18、18，设置"光泽度"为 0.8。

在场景中选择酒瓶盖对象，单击"![图标]（将材质指定给选定对象）"按钮，将材质指定给场景中的酒瓶盖对象。

步骤 9　选择一个新的材质样本球，并将其命名为"红酒"，如图 7-69 所示。

在"基本参数"卷展栏中设置"漫射"组中"漫射"的 RGB 为 255、0、0；在"反射"组中设置"反射"的 RGB 为 29、29、29，设置"光泽度"为 0.9；在"折射"组中设置"折射"的 RGB 为 237、237、237，设置"烟雾颜色"的 RGB 为 255、193、193。

在场景中选择红酒对象，单击"![图标]（将材质指定给选定对象）"按钮，将材质指定给场景中的红酒对象。

步骤 10　选择一个新的材质样本球，将其命名为"灯芯"，如图 7-70 所示。

在"Blinn 基本参数"卷展栏中设置"环境光"和"漫反射"的 RGB 为 0、0、0。

在场景中选择两个灯芯对象，单击"（将材质指定给选定对象）"按钮，将材质指定给场景中的灯芯对象。

步骤 11 设置材质后对场景进行渲染。

图 7-67

图 7-68

图 7-69

图 7-70

7.4.4 【相关工具】

1. SSS 材质

在 3ds Max 中，蜡烛和透光材质（比如玻璃）有很多相似的地方，但事实上，蜡烛（以及与之类似的材质, 如琉璃、皮肤、晶体等)还有一个普通玻璃所没有的特点, 即"子面散射"(SubSurface Scattering, SSS), 这种现象是由于材质内部散射光线的作用而形成的, 即当光线进入之后在物体内部不断折射而形成的效果。

2. "折射"组

控制透明度的倍增器, "折射"的 RGB 颜色越白越透明, 全黑色为不透明(玻璃或窗纱中常在折射里加入衰减)。图 7-71 所示"折射"组, 其中的参数介绍如下。

"光泽度"参数: 控制折射的模糊值。

"细分"参数: 控制模糊的细腻程度。

"折射率"参数: 确定材质的折射率, 值为 1 时则不产生任何折射效果。设置适当的值可以做出很好的折射效果。

图 7-71

> **提 示** 记住下面这些常用到的装饰材质的折射参数:
> 水的折射为 1.33、钻石为 2.4、玻璃为 1.517、水晶为 2、宝石为 1.77。

"最大深度"参数: 控制折射时相互之间光线反复的次数。

"退出颜色"参数: 当光线在场景中反射次数达到定义的最大深度值以后, 就会停止反射。

"烟雾颜色"的 RGB 参数: 控制过滤色, VRay 允许用雾来填充折射的物体。

"烟雾倍增"参数: 控制过滤色强度, 较小的值产生透明的烟雾颜色。

"影响插值"选项: 当勾选该选项时, VRay 能够使用一种类似发光贴图的缓存方式来加速模糊折射的计算速度。

"影响阴影"选项: 用于控制物体产生透明阴影, 透明阴影的颜色取决于漫射和烟雾颜色。

3. "半透明"组

"半透明"组主要制作半透明物休, 需要配合上面的参数进行调整。"半透明"组的参数如图 7-72 所示。

图 7-72

"硬(铅)模型"类型: 主要用于制作蜡烛硬质模式。

"软(水)模型"类型: 主要用于制作水或皮肤软质模式。

"背面颜色"RGB: 用于控制次表面散射的颜色。

"厚度"参数: 设置半透明层的厚度。较大的值会让整个物体被光穿透, 较小的值会让物体较薄的地方产生次表面散射的颜色。

"散布系数"参数: 控制在半透明物体的表面下散射光线的方向。

"前/后驱系数"参数: 控制在半透明物体表面下的多少散射光线将相对于初始光线向前或向后传播穿过这个物体。值为 1 意味着所有的光线将向前传播; 值为 0 时, 所有的光线将向后传播; 值为 0.5 时, 光线在向前/向后方向上等向分配。

"灯光倍增"参数：灯光分摊用的倍增器。用它来描述穿过材质下的面被反射、折射的光的数量。值越大散射效果越强。

7.4.5 【实战演练】文件架材质的设置

通过设置折射参数来表现玻璃文件架的效果，通过设置反射参数设置出金属支架的效果。（最终效果参看光盘中的"Cha07 > 效果 > 文件架材质的设置 ok.max"，如图 7-73 所示。）

图 7-73

7.5 综合演练——台灯材质的设置

设置折射参数模拟玻璃灯罩和灯泡的效果，设置反射参数模拟金属效果完成台灯材质的设置。（最终效果参看光盘中的"Cha07 > 效果 > 台灯材质的设置 ok.max"，如图 7-74 所示。）

图 7-74

7.6 综合演练——时尚沙发材质的设置

通过为漫射指定"衰减"贴图并设置衰减贴图的颜色,制作出沙发的布料。(最终效果参看光盘中的"Cha07> 效果 > 时尚沙发材质的设置 ok.max",如图 7-75 所示。)

图 7-75

第8章 摄影机和灯光的应用

灯光的主要目的是对场景产生照明、烘托场景气氛和产生视觉冲击。产生照明是由灯光的亮度决定的，烘托气氛是由灯光的颜色、衰减和阴影决定的，产生视觉冲击是结合建模和材质并配合灯光摄影机的运用来实现的。

一幅好的效果图需要好的观察角度，让人一目了然，因此调节摄影机是进行工作的基础。

课堂学习目标

- 摄影机的创建
- 场景的布光

8.1 静物——公装沙发

8.1.1 【案例分析】

3ds Max 9 的灯光是用于模拟显示生活中不同类型光源的物体，从家庭、办公室所用的普通灯具到电影、建筑物使用的专业灯具，以及阳光均可以模拟。不同的灯光将产生不同的效果。

8.1.2 【设计理念】

本案例介绍使用 3ds Max 默认灯光和默认渲染器设置公装沙发的场景效果，首先在场景中创建主光源，然后在场景中创建环境光。（最终效果参看光盘中的"Cha08 > 效果 > 公装沙发 ok.max"，如图 8-1 所示。）

图 8-1

8.1.3　【操作步骤】

1. 在视口中创建摄影机

步骤 1 运行 3ds Max 9，在菜单栏中选择"文件 > 打开"命令，打开素材文件（素材文件为光盘中的"Cha08 > 效果 > 公装沙发 o.max"），打开的场景如图 8-2 所示。

图 8-2

步骤 2 在场景中使用视口控件调整"透视"图中观察沙发的角度，并按 Ctrl+C 组合键，在视图中创建摄影机，如图 8-3 所示。

图 8-3

步骤 3 选择"（创建）> （几何体）> 平面"工具，在"顶"视图中创建平面作为地板，参数设置合适即可，并将该模型的颜色设置为白色，如图 8-4 所示。

技　巧　一般在制作无缝背景时可以创建作为地板的模型充满整个摄影机视口；或者创建作为地面的模型没有充满整个视口的时候，可以设置该模型的颜色为白色，使用灯光将该模型照亮到白色，然后再将环境中的背景颜色设置为白色即可。

图 8-4

2. 创建灯光

步骤 1　选择"（创建）>（灯光）> 目标聚光灯"工具，在"顶"视图中创建目标聚光等，在工具栏中选择"（选择并移动）"工具，在场景中调整灯光的位置和角度。

切换到"（修改）"命令面板，在"常规参数"卷展栏中勾选"阴影"组中的"启用"选项，选择阴影类型为"区域阴影"。

在"聚光灯参数"卷展栏中设置"聚光区/光束"和"衰减区/区域"的参数分别为 0.5 和 100。

在"强度/颜色/衰减"卷展栏中设置"倍增"参数为 1，如图 8-5 所示。

图 8-5

步骤 ② 选择 "　（创建）>　（灯光）> 天光" 工具，在 "顶" 视图中创建天光，天光的位置和角度不影响渲染，使用灯光默认参数即可，如图 8-6 所示。

图 8-6

步骤 ③ 在工具栏中单击 "　（渲染场景对话框）" 按钮，在 "渲染场景" 对话框中选择 "高级照明" 选项卡，选择高级照明为 "光跟踪器"，如图 8-7 所示。

 提 示 场景中的天光必须配合使用 "光跟踪器" 渲染器才能看出效果。

步骤 ④ 渲染场景模型的效果，如图 8-8 所示。

图 8-7

图 8-8

8.1.4 【相关工具】

1. "目标聚光灯" 工具

聚光灯是一种经常使用的有方向的光源，类似于舞台上的强光灯，它可以准确地控制光束大小。

创建目标聚光灯的步骤如下。

步骤 1 选择"目标聚光灯"工具在场景中拖曳，拖曳的初始点是聚光灯的位置，释放鼠标的点就是目标位置，如图 8-9 所示。

图 8-9

步骤 2 在"常规参数"卷展栏中设置聚光灯的参数，如图 8-10 所示。

步骤 3 使用"➕（选择并移动）"工具在场景中调整目标聚光等的位置和角度。

◎ **"常规参数"卷展栏**

"常规参数"卷展栏中的命令用于启用和禁用灯光和灯光阴影，并且排除或包含照射场景中的对象。

图 8-10

◎ **"聚光灯参数"卷展栏**

"聚光灯参数"卷展栏中的参数用来控制聚光灯的聚光区和衰减区。

"显示光锥"选项：启用或禁用圆锥体的显示。

"泛光化"选项：当设置泛光化时，灯光将在各个方向投射。但是，投影和阴影只发生在其衰减圆锥体内。

"聚光区/光束"参数：调整灯光圆锥体的角度。

"衰减区/区域"参数：调整灯光衰减区的角度。

◎"强度/颜色/衰减"卷展栏

使用"强度/颜色/衰减参数"卷展栏可以设置灯光的颜色和强度，也可以定义灯光的衰减。

"倍增"参数：控制灯光的光照强度。单击"倍增"右侧的色块，可以设置灯光的光照颜色。

"近距衰减"组

"开始"参数：设置灯光开始淡入的距离。

"结束"参数：设置灯光达到其全值的距离。

"使用"选项：启用灯光的近距衰减。

"显示"选项：在视口中显示近距衰减范围设置。

"远距衰减"组

"开始"参数：设置灯光开始淡出的距离。

"结束"参数：设置灯光减为 0 的距离。

"使用"选项：启用灯光的远距衰减。

"显示"选项：在视口中显示远距衰减范围设置。

◎"高级效果"卷展栏

"高级效果"卷展栏提供影响灯光、曲面方式的控件，还包括很多微调和投影灯的设置。

"投影贴图"组

"贴图"选项：启用该选项可以通过"贴图"按钮投射选定的贴图。禁用该选项可以禁用投影。

"贴图"按钮：命名用于投影的贴图。可以从"材质编辑器"中指定的任何贴图拖曳，或从任何其他贴图按钮（如"环境"面板上）拖曳，并将贴图放置在灯光的"贴图"按钮上。单击"贴图"按钮显示"材质/贴图浏览器"。使用该浏览器可以选择贴图类型，然后将按钮拖曳到"材质编辑器"，并且使用"材质编辑器"选择和调整贴图。

2."天光"工具

"天光"灯光主要用来建立日光场景效果。天光与光跟踪器渲染器结合使用。

◎"天光参数"卷展栏

"天光参数"卷展栏如图 8-11 所示。

图 8-11

"启用"选项：启用和禁用灯光。

"倍增"参数：将灯光的功率放大一个正或负的量。

"天空颜色"组

"使用场景环境"选项：使用"环境"面板上设置的灯光颜色。

"天空颜色"选项：单击色样可显示颜色选择器，并选择为天光颜色。

"贴图"选项：可以使用贴图影响天光颜色。

"渲染"组

"投影阴影"选项：使天光投射阴影。

"每采样光线数"参数：用于计算落在场景中指定点上天光的光线数。

"光线偏移"参数：对象可以在场景中指定点上投射阴影的最短距离。

8.1.5 【实战演练】静物——座便器

在视口中调整模型的角度，按 Ctrl+C 组合键创建摄影机，并在场景中创建照明的灯光。（最终效果参看光盘中的"Cha08 > 效果 > 座便器 ok.max"，如图 8-12 所示。）

图 8-12

8.2 静物——餐桌椅

8.2.1 【案例分析】

使用灯光配合 VRay 渲染器可以模拟出真实的现实材质和场景。

8.2.2 【设计理念】

创建一盏主光源照射场景中的景物，结合使用天光环境作为场景中的环境光。（最终效果参看光盘中的"Cha08 > 效果 > 餐桌椅 ok.max"，如图 8-13 所示。）

图 8-13

8.2.3 【操作步骤】

1. 创建摄影机

步骤 1 运行 3ds Max 9，在菜单栏中选择"文件 > 打开"命令，打开素材文件（素材文件为光盘中的"Cha08 > 效果 > 餐桌椅.max"），打开的场景如图 8-14 所示。

图 8-14

　　场景中有一个作为无缝背景的白色模型，而且场景中模型的材质和渲染都设置好了，这样便于单独学习灯光和摄影机的创建。

提　示 在后续章节中将介绍渲染的设置。

步骤 2 选择" （创建）> （摄影机）> 目标"工具，在"顶"视图中创建摄影机，在场景中调整摄影机的目标点对准餐桌椅，并调整摄影机镜头的位置，如图 8-15 所示。

图 8-15

步骤 3 激活"透视"图，按 C 键将其转换为摄影机视图，在场景中调整摄影机的位置和角度，如图 8-16 所示。

图 8-16

技 巧
在调整摄影机时摄影机镜头等于我们的眼睛，而摄影机目标就相当于我们视觉的焦点，可以本着这样的观点来调整摄影机。

2. 创建灯光

步骤 1 选择"（创建）> （灯光）> 目标聚光灯"工具，在"前"视图中创建灯光并在场景中调整灯光的位置和角度。

切换到"（修改）"命令面板，在"常规参数"卷展栏中勾选"阴影"组中的"启用"选项，选择阴影类型为"VRay 阴影"。

在"聚光灯参数"卷展栏中设置"聚光区/光束"参数为 0.5、"衰减区/区域"为 100。

在"强度/颜色/衰减"卷展栏中设置"倍增"为0.8。

在"VRay 阴影参数"卷展栏中勾选"区域阴影"选项，设置"U、V、W 尺寸"均为200，如图 8-17 所示。

图 8-17

步骤 2 创建主光源之后周围的环境会比较黑，在工具栏中单击 （渲染设置）按钮，打开"渲染场景"面板，在"渲染器"选项卡中打开"V-Ray::环境"卷展栏中的"全局光环境（天光）覆盖"中的"开"选项，设置"倍增器"参数为0.3，如图 8-18 所示。

图 8-18

8.2.4 【相关工具】

1."目标摄影机"工具

摄影机在制图过程中有着重要的作用，如建模时可以根据摄影机的位置来创建能被看到的对象，这样就无须将场景的内容全部创建，既不影响效果还可以降低场景的复杂程度。

摄影机在效果图中代表观众的眼睛，通过摄影机调整来决定建筑物的位置和尺度。

创建摄影机的步骤如下。

步骤 1 选择"目标"摄影机工具，在场景中拖曳创建起始点，释放鼠标的点就是目标位置，创建出摄影机。

步骤 2 根据场景设置摄影机的"镜头"参数，如图 8-19 所示。

步骤 3 使用"（选择并移动）"工具，在场景中调整摄影机的位置和角度。

步骤 4 在"透视"图的左上角右击，在弹出的快捷菜单中选择"视图 > Camera01"命令（或按快捷键 C），如图 8-20 所示。

步骤 5 转换为摄影机的视图后如图 8-21 所示。

图 8-19　　　　　　　　　　　　　　　　　　　图 8-20

图 8-21

技巧　　创建摄影机还有另一种更为便捷的方法：调整"透视"图观察模型的角度，然后按 Ctrl+C 组合键就当前视角创建摄影机，并将当前视图转换为摄影机视图。

2. "VRay 阴影参数"卷展栏

VR 灯光和 VR 阳光都是不能选择阴影类型的，它们产生的都是真实的区域阴影效果，而 VRay 阴影是专门用于在使用 3ds Max 的灯光时选择的阴影类型，因为 VRay 渲染器不支持 3ds Max 的光线跟踪阴影，一般在使用 VRay 渲染器对场景进行渲染时标准灯光都使用 VRay 阴影类型。

当一个灯光的阴影类型指定为"VRay 阴影"时，"VRay 阴影参数"卷展栏才会显示，如图 8-22 所示。

图 8-22

"透明阴影"选项：控制透明物体的阴影，必须使用 VRay 材质并选择材质中的"影响阴影"才能产生效果。

"光滑表面阴影"选项：对物体表面布光进行光滑处理。

"偏移"参数：控制阴影与物体的偏移距离，一般用默认值。

"区域阴影"选项：控制物体阴影效果，使用时会降低渲染速度，有立方体和球体两种模式。

"U、V、W 尺寸"参数：值越大阴影越模糊，并且还会产生杂点，降低渲染速度。

"细分"参数：控制阴影的杂点，参数越高杂点越光滑，同时渲染速度会降低。

8.2.5　【实战演练】静物——办公桌

创建目标摄影机，并设置摄影机的参数。创建目标聚光灯，设置其参数后设置灯光的阴影和参数。（最终效果参看光盘中的"Cha08 > 效果 > 办公桌 ok.max"，如图 8-23 所示。）

图 8-23

8.3　Web 灯光的创建——地灯

8.3.1　【案例分析】

在 3ds Max 9 中可以导入 Web 灯光，来制作炫彩的灯光效果。

8.3.2　【设计理念】

创建"光学度 > 自由点光源"灯光，并将其"分布"为"Web"灯光，导入 Web 灯光，并为场景创建"泛光灯"作为辅助灯光。（最终效果参看光盘中的"Cha08 > 效果 > 地灯 ok.max"，如图 8-24 所示。）

图 8-24

8.3.3 【操作步骤】

步骤 1 运行 3ds Max 9，在菜单栏中选择"文件 > 打开"命令，打开素材文件（素材文件为光盘中的"Cha08> 效果 > 地灯 o.max"），打开的场景如图 8-25 所示。

图 8-25

步骤 2 在工具栏中单击"（渲染场景对话框）"按钮，在弹出的"渲染场景"面板中设置"渲染尺寸"为 600×900，如图 8-26 所示。

步骤 3 在场景中调整"透视"图，并按 Ctrl+F 组合键显示安全框，如图 8-27 所示。

图 8-26

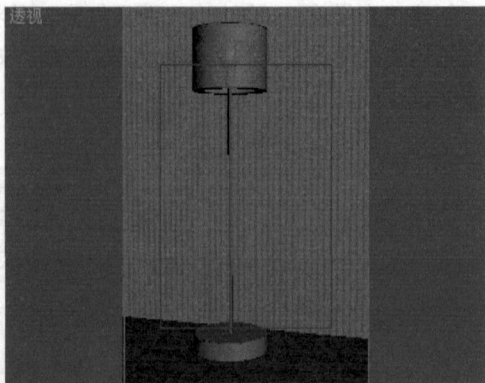

图 8-27

步骤 4 调整好"透视"图后，按 Ctrl+C 组合键在视图中创建摄影机，如图 8-28 所示。

步骤 5 选择"（创建）>（灯光）> 光学度 > 自由点光源"工具，在"顶"视图中创建自有点光源，如图 8-29 所示。

图 8-28   图 8-29

步骤 6 在场景中调整灯光的位置，在"（修改）"命令面板的"强度/颜色/分布"卷展栏中选择"分布"为"Web"，在"Web 参数"卷展栏中单击"Web 文件"右侧的"无"按钮，如图 8-30 所示，在弹出的对话框中选择 ies 文件，如图 8-31 所示（素材文件为光盘中的"Cha08 > 效果 > 001.ies"）。

图 8-30   图 8-31

步骤 7 打开 ies 文件后的面板，如图 8-32 所示。

步骤 8 渲染场景如图 8-33 所示。从图中可以看到渲染的效果整体有点暗，下面在场景中创建照亮环境的灯光。

步骤 9 选择"（创建）>（灯光）> 标准 > 泛光灯"工具，在场景中创建泛光灯作为照明灯光，在场景中调整灯光的位置，在"（修改）"命令面板中设置"强度/颜色/衰减"卷展栏中的"倍增"参数为 0.2，如图 8-34 所示。

步骤 10 渲染场景后如图 8-35 所示。

图 8-32

图 8-33

图 8-34

图 8-35

8.3.4 【相关工具】

1. "自由点光源"工具

自由点灯光像标准的泛光灯一样，从几何体点发射光线。

◎ "强度/颜色/分布"卷展栏

"强度/颜色/分布"卷展栏如图 8-36 所示。

"分布"参数：描述光源发射的灯光的方向分布，在其下拉列表中包括"等向"、"聚光灯"、"Web"和"漫反射"参数。

"颜色"组

灯光型号：在列表中选择常见灯光的规格，模拟灯光对象的光谱特征。灯光的色温用"开尔文"表示，相应的颜色显示在右侧的颜色色块中。

"开尔文"选项：通过调整色温微调器来设置灯光的颜色。色温以开尔文度数显示，相应的颜色在色温微调器旁边的色样中可见。

"过滤颜色"：使用颜色过滤器模拟置于光源上的过滤色的效果。

"强度"组

"lm（流明）"选项：测量整个灯光（光通量）的输出功率。100W 的通用灯炮约有 1 750 lm 的光通量。

图 8-36

"cd（坎迪拉）"选项：测量灯光的最大发光强度，通常是沿着目标方向进行测量。100W 的通用灯泡约有 139 cd 的光通量。

"lx（lux，勒克斯）"选项：测量由灯光引起的照度，该灯光以一定距离照射在曲面上，并面向光源的方向。勒克斯是国际场景单位，等于 $1lm/m^2$。

◎ "Web 参数"卷展栏

Web 分布使用光域网定义分布灯光。光域网是光源的灯光强度分布的 3D 表示。Web 定义存储在文件中。许多照明制造商可以提供为其产品建模的 Web 文件，这些文件通常在 Internet 上可用。Web 文件可以是 IES、LTLI 或 CIBSE 格式。用于指定 Web 文件的控件位于"Web 参数"卷展栏上，如图 8-37 所示。

"Web 文件"：选择用作光域网的 ies 文件。默认的 Web 是从一个边缘照射的漫反射分布。

"X 轴旋转"参数：沿着 x 轴旋转光域网。旋转中心是光域网的中心，范围为-180°～180°。

图 8-37

"Y 轴旋转"参数：沿着 y 轴旋转光域网。旋转中心是光域网的中心，范围为-180°～180°。

"Z 轴旋转"参数：沿着 z 轴旋转光域网。旋转中心是光域网的中心，范围为-180°～180°。

2. "泛光灯"工具

泛光灯从单个光源向各个方向投射光线。泛光灯用于将辅助照明添加到场景中，或模拟点光源。

泛光灯可以投射阴影和投影。单个投射阴影的泛光灯等同于 6 个投射阴影的聚光灯，从中心指向外侧。

提 示　标准灯光都具有相同的参数和命令，泛光灯与目标聚光灯的参数基本相同，可以参考目标聚光灯卷展栏的介绍。

8.3.5 【实战演练】Web 灯光的创建——射灯

在场景中创建"自由点光源"，并指定 Web 分布，指定 Web 灯光，创建辅助环境光。（最终效果参看光盘中的"Cha08 > 效果 > 射灯 ok.max"，如图 8-38 所示。）

图 8-38

8.4 室内灯光的创建——客厅

8.4.1 【案例分析】

客厅是专门为朋友、亲戚来访时而设立的空间，自然以交流为目的，是以沙发、茶几等家具组成的整体空间。

8.4.2 【设计理念】

客厅一般以扩散性灯光为主，如不同的上、下照明的灯具，再辅以区域性照明灯具，便足够令客厅变得舒适灵活，下面介绍室内灯光的创建。（最终效果参看光盘中的"Cha07 > 效果 > 客厅 ok.max"，如图 8-39 所示。）

图 8-39

8.4.3 【操作步骤】

步骤 1 运行 3ds Max 9，在菜单栏中选择"文件>打开"命令，打开素材文件（素材文件为光盘中的"Cha07> 效果 > 客厅 o.max"），打开的场景如图 8-40 所示。

图 8-40

步骤 2 打开场景后，选择"（创建）>（摄影机）> 目标"工具，在"顶"视图中创建目标摄影机，切换到"透视"图，按 C 键将视图切换为摄影机视图，如图 8-41 所示。在"参数"卷展栏中设置"镜头"为 28，根据摄影机视图调整摄影机的位置和角度。在"剪切平面"组中勾选"手动剪切"选项，设置"近距剪切"为 80、"远距剪切"为 700，如图 8-42 所示。

图 8-41

图 8-42

> **提 示** 剪切平面是平行于摄影机镜头的平面，以红色带交叉的矩形表示。剪切平面可以排除场景中一些几何体的视图显示或控制只渲染场景的某些部分，如图 8-41 所示创建的剪切摄影机是因为要将一侧的墙体排除到摄影机镜头外。

步骤 3 在工具栏中单击"（渲染场景对话框）"按钮，在弹出的"渲染场景"面板中设置"输出大小"的"宽度"为 900、"高度"为 450，如图 8-43 所示。

步骤 4 按 Shift+F 组合键，显示安全框，如图 8-44 所示。

图 8-43　　　　　　　　　　　　　　　图 8-44

 提　示　　视图中显示安全框是为了控制渲染输出视图的纵横比，表明哪些模型在渲染范围内，哪些模型超出了渲染的范围。安全框的大小是根据"输出大小"的尺寸来控制的。

步骤 5　创建摄影机后在工具栏中单击" 📷（快速渲染）"按钮，渲染摄影机视图，如图 8-45 所示。

图 8-45

步骤 6　打开场景后，选择" ✨（创建）> 💡（灯光）>VRay> VR 灯光"工具，在"左"视图中窗户的位置创建 VR 灯光，在"参数"卷展栏中选择"常规"组中的"类型"为"平面"；在"强度"组中设置"颜色"的 RGB 为 193、225、234，设置"倍增器"为 5；在"尺寸"组中设置"半长"为 16、"半宽"为 57；在"选项"组中勾选"不可见"选项；在"采样"组中设置"细分"为 16，在场景中复制灯光到每个窗口，如图 8-46 所示。

技　巧　　在创建日景的室内效果图的灯光时，首先设置室外的天光，可以看到本例客厅本身有 4 个落地窗，光线透过窗户照亮场景。

注　意　　在没有进行最终渲染时，灯光、材质的细分参数可以设置得偏低点，可以使用默认参数 8，进行最终出效果图时可以使用较高的参数。

图 8-46

步骤 7 在场景中复制窗口的灯光。在场景中使用"▶◀（镜像）"工具调整灯光的照射角度，如图 8-47 所示，并修改"倍增器"为 4、"颜色"的 RGB 为 255、232、210。

图 8-47

步骤 8 渲染场景后得到如图 8-48 所示的效果。

图 8-48

步骤 9 选择"▲（创建）> ▶（灯光）> 标准 > 目标聚光灯"工具，在"前"视图中常见

目标聚光灯，并在场景中调整灯光的位置，如图 8-49 所示。在"常规参数"卷展栏中勾选
"阴影"组中的"启用"选项，设置阴影类型为"VRay 阴影"。

在"聚光灯参数"卷展栏中设置"聚光区/光束"为1.6、"衰减区/区域"为25.5。

在"VRay 阴影参数"卷展栏中勾选"区域阴影"选项，设置"U、V、W 尺寸"参数均为50，
设置"细分"为18，如图 8-49 所示。

图 8-49

技 巧 在制作日景的室内效果图时，模拟太阳光通过窗户投射到室内的效果是非常重要的，
可以使用"目标聚光灯"、"目标平行光"等灯光，根据个人的习惯来设置。

步骤 10 渲染场景后得到如图 8-50 所示的效果。

图 8-50

步骤 11 选择"（创建）>（灯光）>VRay > VR 灯光"工具，在"前"视图中创建灯光，
在"参数"卷展栏中设置"强度"组中"颜色"的 RGB 为 255、232、210，设置"倍增器"
参数为2；在"尺寸"组中设置"半长"为178、"半宽"为55；在"选项"组中勾选"不可
见"选项，设置"采样"组中的"细分"参数为26，如图 8-51 所示。

步骤 12 渲染的场景效果如图 8-52 所示。

步骤 13 选择"（创建）>（灯光）>VRay > VR 灯光"工具，在"前"视图中创建灯光，

在"参数"卷展栏中设置"强度"组中"颜色"的 RGB 为 255、232、210，设置"倍增器"参数为 2.5，在场景中调整灯光的位置和角度，如图 8-53 所示。

图 8-51

图 8-52

图 8-53

步骤 14 渲染场景的效果如图 8-54 所示。

步骤 15 选择"（创建）>（灯光）> VRay > VR 灯光"工具，在"前"视图中壁灯的位置创建灯光，在"参数"卷展栏中设置"强度"组中"颜色"的 RGB 为 255、232、210，设置"倍增器"参数为 30；在"尺寸"组中设置"半长"为 1、"半宽"为 3.8，在场景中复制并调整灯光作为壁灯的照射灯光，如图 8-55 所示。

图 8-54

图 8-55

步骤 16 选择"（创建）>（灯光）> VRay > VR 灯光"工具，在"参数"卷展栏中选择
"常规"组中的"类型"为"球体"；在"强度"组中设置"颜色"的 RGB 为 255、232、210，
设置"倍增器"参数为 50；在"尺寸"组中设置"半径"为 2.7；在"选项"组中勾选"不
可见"选项，如图 8-56 所示。

图 8-56

步骤 `17` 渲染场景后的效果如图 8-57 所示。

图 8-57

8.4.4 【相关工具】VR 灯光

VRay 自带了一个光源 "VR 灯光"，该光源在渲染时的作用非常大，所以这里要着重介绍 VR 灯光 "参数" 卷展栏中重要的参数，如图 8-58 所示。

◎ "常规" 组

"开" 选项：控制灯光的开关。

"排除" 按钮：单击该按钮弹出对话框，从中选择灯光包含和排除的对象模型。

"类型" 下拉列表：有平面、穹顶和球体 3 种选项，平面一般用于做片灯；穹顶灯的作用类似于 3ds Max 9 默认的 IES SKY 灯光，做一个球型的光来照亮场景，移动灯自身的 Z 轴可以控制阴影的方向，用于模拟天光。

◎ "强度" 组

"单位" 下拉列表：VRay 灯光提供了默认（图像）、发光率（lm）和亮度（lm）、辐射率（W）、辐射率（W/m² ·Sr）几种照明单位。默认（图像）：该单位是依靠灯光的颜色和

图 8-58

亮度来控制强弱，如果不考虑曝光，灯光色彩将是物体表面受光的最终色彩；发光率（lm）：灯光的亮度与灯光的大小没有关系；亮度（lm）：灯光的亮度将和灯光的大小产生联系；辐射率（W）：将用瓦数来定义照明单位，灯光的亮度和尺寸没有关系；辐射率（W/m² · Sr）：该单位同样由瓦数来控制照明单位，灯光的亮度将和尺寸产生联系。

"颜色" 色块：通过设置 VR 灯光光源发射出的灯光颜色。

"倍增器" 参数：设置 VR 灯光颜色倍增器。

◎ "尺寸" 组

在该组中设置灯光的尺寸大小，根据选择灯光类型的不同该组中设置灯光的尺寸也会跟着变。

◎ "选项" 组

"双面" 选项：当 VR 灯光为平面光源时，该选项控制光线是否从面光源的两个面发射出来（当选择球光源时，该选项无效）。

"不可见"选项：设置控制 VR 灯光光源是否在渲染结果中显示它的形状。

"忽略灯光法线"选项：一个被跟踪光线撞击光源时这个选项让用户控制 VRay 处理计算的方法。

"不衰减"选项：选中该选项，VR 灯光将不进行衰减。

"天光入口"选项：该选项是把此灯（及关联灯光）交由 VRay 环境面板的天光选项控制，如强度、色彩等。

"存储发光贴图"选项：当该选项选中并且全局照明设定为光照贴图时，VRay 将再次计算 VR 灯光的效果并且将其存储到光照贴图中。其结果是光照贴图的计算会变得更慢，但是渲染时间会减少。还可以将光照贴图保存下来稍后再次使用。

"影响漫射"选项：控制灯光是否影响物体的漫反射，一般是打开的。

"影响高光反射"选项：控制灯光是否影响物体的镜面反射，一般是打开的。

"影响反射"选项：控制灯光是否影响物体的反射，一般是打开的。

◎ "采样"组

"细分"参数：该值控制 VRay 用于计算照明的采样点的数量，值越大，阴影越细腻，渲染时间越长。

"阴影偏移"参数：控制阴影的偏移值。

8.4.5 【实战演练】室内灯光的创建——多功能厅

在窗户位置创建作为日光的 VR 灯光，创建模拟太阳光照的目标聚光灯或目标平行光。（最终效果参看光盘中的"Cha08 > 效果 > 多功能厅 ok.max"，如图 8-59 所示。）

图 8-59

8.5 综合演练——工艺品

在场景中用摄影机确定观察模型的角度，创建灯光为场景照明。（最终效果参看光盘中的"Cha08 > 效果 > 工艺品 ok.max"，如图 8-60 所示。）

图 8-60

　　为场景创建摄影机，在场景中只创建出基本的光照，并创建台灯、地灯的光照效果，模拟出夜晚卧室的效果。（最终效果参看光盘中的"Cha08 > 效果 > 卧室 ok.max"，如图 8-61 所示。）

图 8-61

第9章   渲染与特效

渲染就是根据所创建的模型、指定的材质、使用的灯光以及环境效果灯，将在场景中创建的对象进行实体化显示出来。也就是将三维的场景转为二维的图像，即将创建的三维场景拍摄成照片或录制的动画显示给大家。

通过材质、灯光以及环境和效果面板，可以为模型制作特效，如体积光、体积雾、火、卡通等效果，在本章的最后还为大家介绍如何使用 Colth 插件制作布料效果。

课堂学习目标

- VRay 渲染设置
- 火效果的制作
- VRay 卡通
- 布料效果

9.1   渲染效果图——客厅

9.1.1 【案例分析】

效果图渲染是利用 3ds Max 9 制作好模型、灯光、摄影机等场景中的对象后，对场景中的灯光效果、摄影机角度，以及场景各个模型的搭配压缩成为图像或动画的格式。

9.1.2 【设计理念】

渲染效果图时需要对场景进行草图渲染、调整场景、存储光照贴图，最后提高各项参数，并渲染出图。（最终效果参看光盘中的"Cha09 > 效果 > 渲染效果图——客厅 ok.max"，如图9-1所示。）

图 9-1

9.1.3 【操作步骤】

1. 渲染草图

步骤 1 运行 3ds Max 9，在菜单栏中选择"文件 > 打开"命令，打开素材文件（素材文件为光盘中的"Cha09> 效果 > 渲染效果图——客厅 o.max"），打开的场景如图 9-2 所示。

图 9-2

> **技 巧** 在前面的摄影机和灯光的创建中，曾为该场景创建了灯光和摄影机，在本例中将对该场景进行渲染输出。

步骤 2 在工具栏中单击"（渲染场景对话框）"按钮，在弹出的"渲染场景"面板中确定渲染器为"V-Ray"，如图 9-3 所示。

步骤 3 选择"渲染器"选项卡，在"V-Ray：全局开关"卷展栏中取消对"默认灯光"选项的勾选，如图 9-4 所示。

图 9-3

图 9-4

步骤 4 在"V-Ray::图像采样"卷展栏中选择"图像采样器 > 类型"为"自适应细分";在"抗锯齿过滤器"组中选择"区域",如图 9-5 所示。

步骤 5 在"V-Ray::间接照明"卷展栏中打开"开"选项,在"首次反弹"组中选择"全局光引擎"为"发光贴图",在"二次反弹"组中选择"全局光引擎"为"灯光缓存",如图 9-6 所示。

图 9-5

图 9-6

步骤 6 在"V-Ray::发光贴图"卷展栏中选择"内建预置"组中的"当前预置"为"非常低",如图 9-7 所示。

步骤 7 在"V-Ray::灯光缓存"卷展栏中设置"细分"为 300,勾选"保存直接光"和"显示计算状态"选项,如图 9-8 所示。

图 9-7

图 9-8

步骤 8 在"V-Ray::环境"卷展栏中勾选"全局光环境(天光)覆盖"组中的"开"选项,设置"倍增器"参数为 4;在"反射/折射环境覆盖"组勾选"开"选项,设置"倍增器"参数为 5,如图 9-9 所示。

步骤 9 在"V-Ray::系统"卷展栏中设置"渲染区域分割"组中的"X"为 20,如图 9-10 所示。

步骤 10 在"V-Ray::帧缓冲区"卷展栏中勾选"启用内置帧缓冲区"选项,如图 9-11 所示。

步骤 11 选择"公用"选项卡,在"公用参数"卷展栏中设置"输出大小"为 450×225,如图 9-12 所示。

图 9-9

图 9-10

图 9-11

图 9-12

步骤 12　渲染的效果如图 9-13 所示，在场景视口底端的控制栏中查看渲染的时间。

图 9-13

步骤 13　选择场景中的灯光细分和 VR 阴影细分参数，如图 9-14 所示。

图 9-14

步骤 14 可以将场景中的灯光细分参数设置为 8，加速渲染，如图 9-15 所示。

图 9-15

步骤 15 减小灯光参数渲染对比一下渲染的时间，如图 9-16 所示。

图 9-16

2. 设置光照贴图

对场景中的灯光摄影机以及模型都满意可以恢复灯光的细分参数，对场景进行最终渲染。

步骤 1 在工具栏中单击"（渲染场景对话框）"按钮，在弹出的"渲染场景"面板中选择"渲染器"选项卡，在"V-Ray：：全局开关"卷展栏中勾选"间接照明"组中的"不可渲染最终的图像"选项，如图 9-17 所示。

步骤 2 在"V-Ray：：图像采样"卷展栏中选择"图像采样器"组中的"类型"为"自适应准蒙卡洛"；选择"抗锯齿过滤器"组中的类型为"Catmull-Rom"，如图 9-18 所示。

图 9-17

图 9-18

步骤 3 在"V-Ray：：发光贴图"卷展栏选择"内建预置"组中的"当前预置"为"低"；在"渲染后"组中勾选"自动保存"和"切换到保存的贴图"选项，并单击"浏览"按钮，在弹出的对话框中选择存储路径，将发光贴图与场景文件存储到一个文件夹中，如图 9-19 所示。

图 9-19

步骤 4 在 "V-Ray：：灯光缓存" 卷展栏中设置 "计算参数" 组中的 "细分" 为 500；在 "渲染后" 组中勾选 "自动保存" 和 "切换到被保存的缓存" 选项，单击 "浏览" 按钮，在弹出的对话框中选择存储路径，为文件命名，将该灯光缓存贴图存储到场景所在的文件夹中，如图9-20 所示。

图 9-20

步骤 5 计算完光照贴图后如图 9-21 所示，并弹出如图 9-22 所示的 "加载发光贴图" 对话框，从中选择发光贴图。

图 9-21　　　　　　　　　　　　　　　　图 9-22

步骤 6 这样渲染场景时就不渲染灯光缓存和发光贴图，直接渲染效果图，如图 9-23 所示。

步骤 7 渲染场景后的效果如图 9-24 所示。

图 9-23

图 9-24

9.1.4 【相关工具】

1. V-Ray 渲染器设置参数

◎ "V-Ray::帧缓冲区"卷展栏

下面介绍"V-Ray::帧缓冲区"卷展栏中常用的参数设置，如图 9-25 所示。

"启用内置帧缓冲区"选项：控制 VRay 内置帧缓冲器是否启用，启用该选项后的效果如图 9-26 所示。

图 9-25

图 9-26

"显示最后的 VFB"按钮：显示上一次渲染帧。

技 巧 "显示最后的 VFB"按钮与菜单栏中"渲染>显示上次渲染结果"命令相同。

"输出分辨率"组

"从 MAX 获取分辨率"选项：决定是否使用 3ds Max 9 的分辨率设置。

"宽度"参数：设置渲染窗口的宽度。

"高度"参数：设置渲染窗口的高度。

提 示 设置渲染窗口的宽度和高度可以直接单击"输出分辨率"右侧的渲染窗口的宽度和高度。"输出分辨率"组中的参数与"公用"选项卡中"公用参数"卷展栏中的"输出大小"参数基本相同。在启用"从 MAX 获取分辨率"选项时可以使用"公用"选项卡中的输出大小。

"V-Ray Raw 图像文件"组

"渲染为 V-Ray Raw 图像文件"选项：决定是否渲染图像在渲染窗口保存。

"浏览"按钮：单击该按钮，在弹出的对话框中选择存储路径和类型。

"分离渲染通道"组

"保存分开的渲染通道"选项：控制分通道渲染，可控制每个通道单独输出。

提 示 "分离渲染通道"组中的"浏览"按钮与"公用"选项卡"公用卷展栏"中的"渲染输出"组中的"文件"按钮功能相同。

◎ **"V-Ray：：全局开关"卷展栏**

下面介绍"V-Ray：：全局开关"卷展栏中的常用参数，如图 9-27 所示。

"几何体"组

"置换"选项：决定是否使用 VRay 的置换贴图。

"灯光"组

"灯光"选项：决定是否使用全局的灯光。

"默认灯光"选项：决定是否使用 3ds Max 9 的默认灯光。

图 9-27

提 示 3ds Max 9 默认的场景中有两盏灯光，如果在场景中没有创建任何灯光则默认灯光有效，如果在场景中创建灯光则默认灯光自动删除。

"隐藏灯管"选项：如果选中该选项，系统会渲染隐藏的灯光。

"阴影"选项：决定是否渲染阴影。

"只显示全局光"选项：如果设定该选项的时候直接光照将不计算在最终的图像里，但系统在进行全局光照计算时包含直接光照的计算，最后只显示间接光照的效果。

"材质"组

"反射/折射"选项：是否计算 VRay 贴图或材质中光线的反射/折射效果。

"最大深度"选项：该选项设置 VRay 贴图或材质中反射/折射的最大反弹次数。注意，反弹次数越多，计算越慢。

"贴图"选项：是否渲染纹理贴图。

"过滤贴图"选项：是否渲染纹理过滤贴图。

"最大透明级别"选项：控制透明物体被光线追踪的最大反弹次数。

"透明中止阈值"参数：控制对透明物体的追踪何时终止。

"覆盖材质"选项：勾选后场景中的所有物体将使用该材质。通过单击该选项后的"None"按钮来设置场景中的覆盖材质。

"间接照明"组

"不渲染最终的图像"选项：选中该选项，VRay 只计算相应的全局光照贴图（光照贴图、灯光贴图和发光贴图），这对于渲染动画过程很有用。

◎ **"V-Ray：：图像采样"卷展栏**

下面介绍"V-Ray：：图像采样"卷展栏中的常用参数，如图 9-28 所示。

"图像采样器"组

在"类型"下拉列表中可以选择"固定"、"自适应准蒙卡洛"和"自适应细分"3 种图像采样器。

"固定"：这是最简单的采样方法，它对每个像素采用固定的几个采样。这时出现用于设置固定参数的"V-Ray：：固定图像采样器"卷展栏，如图 9-29 所示，从中设置"细分"参数可以调节每个像素的采样数。

图 9-28

图 9-29

"自适应准蒙特卡洛"：一种简单的较高级采样，图像中的像素首先采样较少的采样数目，然后对某些像素进行高级采样以提高图像质量。选择该类型后出现"自适应准蒙特卡洛图像采样器"卷展栏，其中"最小细分"参数控制细分的最小值限制；"最大细分"参数控制细分的最大值限制，如图 9-30 所示。

"自适应细分"：这是一种（在每个像素内使用少于一个采样数的）高级采样器。它是 VRay 中最值得使用的采样器。一般来说，相对于其他采样器，它能够以较少的采样（花费较少的时间）来获得相同的图像质量。选择该类型后出现"自适应细分图像采样器"卷展栏，如图 9-31 所示。

"抗锯齿过滤器"组

"开"选项：使用抗锯齿过滤器。在其右侧的下拉列表中有"区域"和"Catmull-Rom"选项。

"区域"：使用可变大小的区域过滤器来计算抗锯齿。这是 3ds Max 9 的原始过滤器，一般默认为该选项。

"Catmull-Rom"：具有轻微边缘增强效果的 25 像素重组过滤器。会使图像更清晰、更干净，几乎看不出模糊的效果。建议用此项或用"区域"。

图 9-30

图 9-31

◎ "V-Ray：：间接照明"卷展栏

下面介绍"V-Ray：：间接照明"卷展栏中的常用参数，如图 9-32 所示。

图 9-32

"开"选项：打开间接照明。

"全局光焦散"组

"反射"选项：允许间接的光照从反射物体被反射。

"折射"选项：允许间接照明通过透明的物体，默认为选中。

"后处理"组

"饱和度"参数：控制颜色混合程度。

"对比度"参数：控制明暗对比度。

"对比度基数"参数：该参数决定对比度的基础推进。它定义在对比度计算期间以全局光照的值保持不变。数值越大全局光效果越暗，数值越小全局光效果越亮。

"首次反弹"组

"倍增器"参数：该值决定首次漫反射对最终的图像照明起多大作用。

"全局光引擎"列表：有 4 种引擎可供选择，即"发光贴图"、"光子贴图"、"准蒙特卡洛算法"和"灯光缓存"。

"二次反弹"组

"全局光引擎"列表：有 4 种选项可供选择，即"无"、"光子贴图"、"准蒙特卡洛算法"和"灯光缓存"。

◎ "V-Ray：：发光贴图"卷展栏

下面介绍"V-Ray：：发光贴图"卷展栏中的常用参数，如图 9-33 所示。

"内建预置"组

"当前预置"列表：从下拉列表中选择当前预置，包括"自定义"、"非常低"、"低"、"中"、"中-动画"、"高"和"高-动画"。

图 9-33

"基本参数"组

"最小比率"参数：该值决定每个像素中的最少全局照明采样数目。通常应当保持该值为负数，这样全局照明计算能够快速计算图像中大的和平坦的面。

> **注 意** 如果该值大于或等于 0，那么光照贴图计算将会比直接照明计算慢，并消耗更多的系统内存。该值最好不要超过-3。

"最大比率"参数：该值决定每个像素中的最大全局照明采样数目。该值最好不要超过 1，以免计算机崩溃。

"半球细分"参数：该参数决定单独的 GI 样本的品质。较小的值可以获得较快的速度，但是也可能会产生黑斑，较高的值可以得到平滑的图像，它类似于直接计算的细分参数。

"插补采样"参数：该参数决定被用于插值计算的 GI 样本的数量。较大的值会趋向于模糊 GI 的细节，虽然最终的效果很光滑，而较小的值会产生更光滑的细节，但也可能会产生黑斑。

> **注 意** "半球细分"并不代表被追踪光线的实际数量，光线实际数量接近于这个参数的平方值，并受 QMC 采样器相关参数的控制。

"颜色阈值"参数：当相邻的全局照明采样点颜色差异值超过该值时，VRay 将进行更多的采样以获取更多的采样点。该值最好设为 0.5 以内。

"法线阈值"参数：当相邻采样点的法线向量夹角余弦值超过该值时，VRay 将会获取更多的采样点。该值最好设为 0.5 以内。

"间距阈值"参数：当相邻采样点的间距值超过该值时，VRay 将会获取更多的采样点。动画时最好设为 0.5 左右，平时最好在 0.1 左右。

"选项"组

"显示计算状态"选项：可以观看到计算过程，但会增加一点渲染时间，图 9-34 所示为显示渲染时的状态。

图 9-34

"模式"组

"模式"列表：该下拉列表中默认的模式为"单帧"，在这种情况下，VRay 单独计算每一个单独帧的光照贴图，所有预先计算的光照贴图都被删除。该模式会完全重新计算发光贴图进行渲染，发光贴图计算即光能传递的重新计算。"从文件"模式，即每个单独帧的光照贴图都是同一张图。渲染开始时，它从某个选定的文件中载入，任何此前的光照贴图都被删除。从文件中读取发光贴图进行计算光照。

"保存到文件"按钮：保存当前渲染的发光贴图。

"重置"按钮：删除当前的发光贴图。

"文件"：显示文件的链接路径。

"浏览"按钮：浏览发光贴图或重新载入发光贴图。

"渲染后"组

"不删除"选项：当选中该选项时，VRay 会在完成场景渲染后，将光照贴图保存在内存中。

"自动保存"选项：可以设定该光照贴图保存路径。

"浏览"按钮：指定发光贴图的文件位置和名称。

"切换到保存的贴图"选项：选择该选项后，将渲染保存后的发光贴图指定为"文件"中读取的发光贴图。

◎ **"V-Ray：：灯光缓存"卷展栏**

灯光缓存是接近场景全局照明的技术。下面介绍常用的几种参数，如图 9-35 所示。

"计算参数"组

"细分"参数：该参数决定路径从照相机被追踪多少。细分值越高效果越细腻，速度越慢。

"采样大小"参数：距顶灯光贴图中样本的间隔。较小的值意味着样本之间相互距离较近，灯光贴图将保护灯光锐利的细节，不过会导致产生噪波，并且占用较多的内存，反之亦然。

图 9-35

"进程数量"参数：设置渲染灯光缓存的进程数量。灯光缓冲在一些途径中被计算，然后被结合成最后的灯光缓冲。

> **提 示**   "V-Ray：：灯光缓存"卷展栏中的"模式"组和"渲染后"组与"V-Ray：：发光贴图"卷展栏中的参数相同，可以参考"V-Ray：：发光贴图"中的介绍，这里就不重复了。

◎ "V-Ray：：**环境**"卷展栏

VRay 的环境参数用于指定全局照明，可以起到重要的辅助照明效果，如图 9-36 所示。

图 9-36

"全局光环境（天光）覆盖"组

"开"选项：打开全局光覆盖，可以设置全局光颜色。

"倍增器"参数：设置背景的亮度。

"None"按钮：指定天光覆盖的贴图。

◎ "V-Ray：：**系统**"卷展栏

"VRay：：系统"卷展栏如图 9-37 所示。

"渲染区域分割"组，在这里可以控制 VRay 的渲染块。

"X、Y"参数：以像素为单位决定最大渲染块的宽度或者水平方向上的区块数量。

2. V-Ray 帧缓冲区（VFB）

使用 3ds Max 9 自带的渲染器对场景进行渲染时，将打开一个渲染帧窗口，让用户可以看到渲染过程，而 VRay 渲染器也有一个独立的渲染窗口，该窗口就是 VRay 帧缓冲器（VFB），其作用与 3ds Max 9 的渲染帧窗口类似，但功能更强。

图 9-37

在"V-Ray∷帧缓冲区"中勾选"启用内置帧缓冲区"选项，即可启用 VRay 帧缓冲区（VFB）渲染窗口，如图 9-38 所示。

（跟踪鼠标渲染）：在渲染过程中使用鼠标轨迹，如图 9-39 所示。

图 9-38

图 9-39

（复制到 max 帧缓冲区）：将当前渲染的图像复制到 3ds Max 中默认的帧缓冲区，如图 9-40 所示。

（清除图像）：清除当前渲染的图像，如图 9-41 所示。

图 9-40

图 9-41

 （保存图像）：将当前渲染的图像进行存储，单击该按钮后弹出存储图像的对话框，从中选择存储路径和类型。

 （切换到 alpha 通道）：显示当前渲染图像的 alpha 通道，如图 9-42 所示。

单击渲染窗口底端的 按钮，在 VFB 下方出来一排新的内容，如图 9-43 所示。

图 9-42

图 9-43

 （应用印记）：可将一些 VRay 渲染器的信息显示在窗口中。

 （显示校正控制器）：打开"颜色校正"对话框，如图 9-44 所示。

 （使用颜色曲线校正）：使用该按钮调整"颜色校正"后的效果。

图 9-44

9.1.5 【实战演练】渲染效果图——多功能厅

设置较低的参数渲染草图，设置发光贴图和灯光缓存的贴图，并设置最终渲染。（最终效果参看光盘中的"Cha09 > 效果 > 多功能厅 ok.max"，如图 9-45 所示。）

图 9-45

9.2 蜡烛燃烧的效果

9.2.1 【案例分析】

燃烧的蜡烛在效果图中可以起到装饰的作用。

9.2.2 【设计理念】

创建大气装置，并为大气装置指定大气效果中的火效果。（最终效果参看光盘中的"Cha09 > 效果 > 蜡烛燃烧的效果 ok.max"，如图 9-46 所示。）

图 9-46

9.2.3 【操作步骤】

1. 制作火效果

步骤 1 运行 3ds Max 9，在菜单栏中选择"文件 > 打开"命令，打开素材文件（素材文件为光盘中的"Cha09 > 效果 > 蜡烛燃烧的效果 o.max"），打开的场景如图 9-47 所示。

图 9-47

步骤 2 打开场景后，选择"（创建）> （辅助对象）> 大气装置 > 球体 Gizmo"工具，在"顶"视图中创建球体 Gizmo，在"球体 Gizmo 参数"卷展栏中设置"半径"为 7cm，如图 9-48 所示。

步骤 3 在场景中使用"（选择并均匀缩放）"工具调整 Gizmo，如图 9-49 所示

图 9-48

图 9-49

步骤 4 在场景中复制球体 Gizmo 到蜡烛的灯芯位置，如图 9-50 所示。

步骤 5 按 8 键打开"环境和效果"面板，在"大气"卷展栏中单击"添加"按钮，在弹出的"添加大气效果"对话框中选择"火效果"，单击"确定"按钮，如图 9-51 所示。

图 9-50

图 9-51

步骤 6 添加火效果后出现"火效果参数"卷展栏，从中选择"Gizmo"组中的"拾取 Gizmo"，然后按 H 键，在弹出的对话框中选择作为火焰的球体 Gizmo，如图 9-52 所示，单击"拾取"按钮。

步骤 7 在"颜色"组中设置"内部颜色"的 RGB 为 253、215、61，"外部颜色"的 RGB 为 221、60、0，"烟雾颜色"的 RGB 为 26、26、26，如图 9-53 所示。

2. 设置渲染

确定场景中指定了 VRay 渲染器。

步骤 1 在工具栏中单击" (渲染场景对话框)"按钮，打开"渲染场景"面板，在"公用参数"卷展栏中设置"输出大小"为 300×400，如图 9-54 所示。

步骤 2 选择"渲染器"选项卡，在"V-Ray::全局开关"卷展栏中取消"默认灯光"的勾选，如图 9-55 所示。

图 9-52

图 9-53

图 9-54

图 9-55

步骤 3 在"V-Ray：：图像采样"卷展栏中选择"图像采样器"组中的"类型"为"固定"，选择"抗锯齿过滤器"为"区域"。

在"V-Ray：：间接照明"卷展栏中勾选"开"选项，选择"首次反弹"的"全局光引擎"为"发光贴图"；选择"二次反弹"组中的"全局光引擎"为"灯光缓存"，如图 9-56 所示。

步骤 4 在"V-Ray：：发光贴图"卷展栏中设置"内建预置"组中的"当前预置"为"非常低"；勾选"选项"组中的"显示计算状态"和"显示直接光"选项，如图 9-57 所示。

图 9-56

图 9-57

步骤 5 在"V-Ray：：灯光缓存"卷展栏中设置"计算参数"组中的"细分"为 300，勾选"保存直接光"选项，如图 9-58 所示。

步骤 6 测试渲染场景后得到如图 9-59 所示的效果。

图 9-58

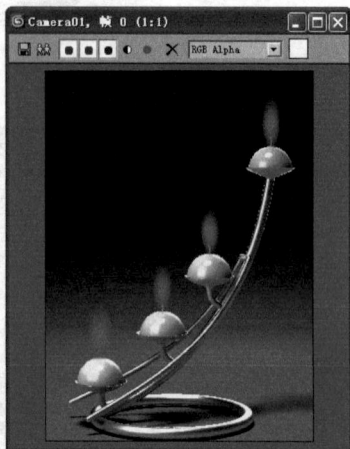

图 9-59

步骤 7 测试渲染满意后，下面渲染发光贴图和灯光缓存贴图。在"V-Ray：：全局开关"卷展栏中勾选"间接照明"组中的"不渲染最终的图像"选项，如图 9-60 所示。

步骤 8 在"V-Ray：：图像采样"卷展栏中选择"图像采样器"组中的"类型"为"自适应细分"，如图 9-61 所示。

图 9-60

图 9-61

步骤 9 在"**V-Ray::发光贴图**"卷展栏中选择"内建预置"组中的"当前预置"为"中";在"渲染后"组中勾选"不删除"、"自动保存"和"切换到保存的贴图"选项,单击"浏览"按钮,弹出"自动保存发光贴图"对话框,将发光贴图放置到场景的文件夹中,如图 9-62所示。

图 9-62

步骤 10 在"**V-Ray::灯光缓存**"卷展栏中同样勾选"渲染后"组中的"不删除"、"自动保存"和"切换到保存的贴图"选项,单击"浏览"按钮,弹出"自动保存灯光贴图"对话框,将灯光缓存贴图放置到场景的文件夹中,如图 9-63 所示。

步骤 11 渲染完成贴图后出现如图 9-64 所示的对话框,将渲染的贴图载入即可。

步骤 12 在"**V-Ray::全局开关**"卷展栏中取消对"不渲染最终的图像"选项的勾选,如图 9-65所示。

步骤 13 载入贴图后,下面要进行最终效果的输出。在"**V-Ray:灯光缓存**"卷展栏中设置"细分"为 600,如图 9-66 所示。

步骤 14 设置渲染的最终尺寸，如图 9-67 所示。

图 9-63

图 9-64

图 9-65

图 9-66

图 9-67

步骤 15 最终效果如图 9-68 所示。

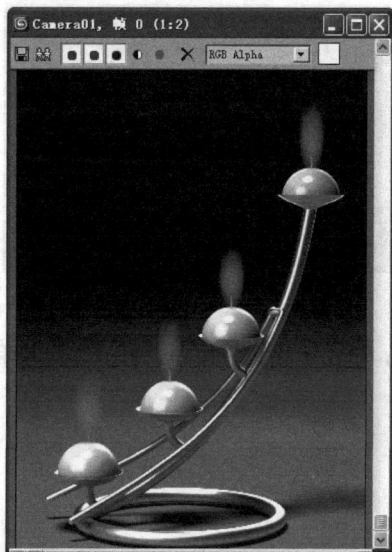

图 9-68

9.2.4 【相关工具】

1. 大气装置

可以创建 3 种类型的大气装置，即长方体、圆柱体或球体。这些 Gizmo 限制场景中的雾或火焰的扩散。

选择"（创建）>（辅助对象）> 大气装置"工具，在"对象类型"卷展栏中选择相应的大气装置 Gizmo。下面以"球体 Gizmo"为例介绍大气装置。

◎ 创建"球体 Gizmo"

步骤 1 选择"（创建）>（辅助对象）>大气装置>球体 Gizmo"工具，在场景中拖曳鼠标，定义球体 Gizmo 的初始半径，如图 9-69 所示。

步骤 2 在"球体 Gizmo 参数"卷展栏中调整"半径"参数，如图 9-70 所示。

图 9-69

图 9-70

◎ 为"球体 Gizmo"添加大气

步骤 1 在场景中创建 Gizmo 后，切换到"（修改）"命令面板。

步骤 2 在"（修改）"命令面板中可以看到"大气和效果"卷展栏，如图 9-71 所示。

步骤 3 单击"添加"按钮，在弹出的"添加大气"对话框中选择需要添加的大气效果，然后单击"确定"按钮，如图 9-72 所示。

步骤 4 添加大气后如图 9-73 所示。

图 9-71

图 9-72

图 9-73

步骤 5 选择需要设置的大气，单击"设置"按钮，打开"环境和效果"面板，从中设置大气的效果，如图 9-74 所示。

2. "环境和效果"面板

◎ 认识"环境"面板

在菜单栏中选择"渲染 > 环境"（快捷键 8）命令打开"环境和效果"面板，如图 9-75 所示。

使用环境面板可以设置背景颜色、背景颜色动画和屏幕背景图像，还可以为场景中的大气装置使用大气插件，如火效果、雾、体积光。

图 9-74

图 9-75

◎ "公用参数"卷展栏

"背景"组

"颜色"：设置场景背景的颜色。

"环境贴图"：环境贴图的按钮会显示贴图的名称，如果尚未指定名称，则显示"无"。

"使用贴图"选项：使用贴图作为背景而不是背景颜色。

"全局照明"组

"染色"：如果此颜色不是白色，则为场景中的所有灯光（环境光除外）染色。

"级别"参数：增强场景中的所有灯光。

"环境光"：设置环境光的颜色。

◎　**"大气"卷展栏**

"大气"卷展栏如图 9-76 所示。

"效果"：显示已添加的效果队列。

"名称"：为列表中的效果自定义名称。

"添加"按钮：显示"添加大气效果"对话框（所有当前安装的大气效果），如图 9-77 所示。

"删除"按钮：选择添加的大气效果，将其从列表中删除。

"上移、下移"按钮：将所选项在列表中上移或下移，更改大气效果的应用顺序。

"合并"按钮：合并其他 3ds Max 9 场景文件中的效果。

图 9-76

图 9-77

3. 火效果

◎　认识**"火效果"**

可以向场景中添加任意数目的"火效果"。效果的顺序很重要，因为列表底部的效果其层次置于列表顶部的效果前面。

每个效果都有自己的参数。在"效果"列表中选择"火效果"时，其参数将显示在"环境"面板中，如图 9-78 所示。

必须为火效果指定大气装置才能渲染出火效果。

◎　**"火效果参数"卷展栏**

"Gizmo"组

"拾取 Gizmo"按钮：单击此按钮进入拾取模式，然后单击场景中的某个大气装置。

"移除 Gizmo"按钮：移除 Gizmo 列表中所选的 Gizmo。

"颜色"组

"内部颜色"：设置效果中最密集部分的颜色。对于典型的火焰，此颜色代表火焰中最热的部分。

图 9-78

"外部颜色"：设置效果中最稀薄部分的颜色。对于典型的火焰，此颜色代表火焰中较冷的散热边缘。

"烟雾颜色"：设置用于"爆炸"选项的烟雾颜色。

"图形"组

"火舌"：沿着中心使用纹理创建带方向的火焰。火焰方向沿着火焰装置的局部 Z 轴。"火舌"创建类似篝火的火焰。

"火球"：创建圆形的爆炸火焰，很适合制作爆炸效果。

"拉伸"参数：将火焰沿着装置的 Z 轴缩放。拉伸最适合火舌火焰，也可以使用拉伸为火球提供椭圆形状。如果其值小于 1.0，将压缩火焰，使火焰更短更粗；如果其值大于 1.0，将拉伸火焰，使火焰更长更细。

"规则性"参数：修改火焰填充装置的方式，范围为 1.0～0.0。如果值为 1.0，则填满装置，效果在装置边缘附近衰减，但是总体形状仍然非常明显；如果值为 0.0，则生成很不规则的效果，有时可能会到达装置的边界，但是通常会被修剪，会小一些。

"特性"组

使用"特性"组参数设置火焰的大小和外观。

"火焰大小"参数：设置装置中各个火焰的大小。装置大小会影响火焰大小。装置越大，需要的火焰也越大。

"火焰细节"参数：控制每个火焰中显示的颜色更改量和边缘尖锐度。范围为 0.0～10.0。较低的值可以生成平滑、模糊的火焰，渲染速度较快。

"密度"参数：设置火焰效果的不透明度和亮度。装置大小会影响密度。密度与小装置相同的大装置因为更大，所以更加不透明并且更亮。

"采样数"参数：设置效果的采样率。值越高，生成的结果越准确，渲染所需的时间也越长。

9.2.5 【实战演练】燃烧的壁炉篝火

首先创建球体 Gizmo，并为 Gizmo 添加"火效果"。（最终效果参看光盘中的"Cha09 > 效果 > 燃烧的壁炉篝火 ok.max"，如图 9-79 所示。）

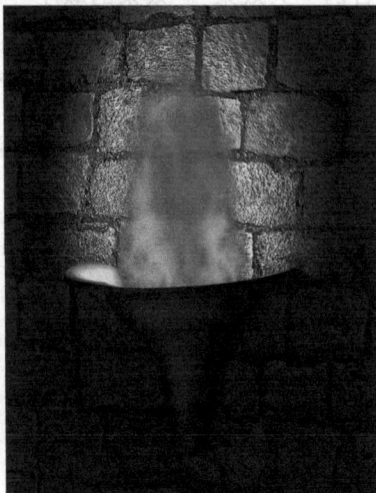

图 9-79

9.3 / VRay 卡通效果

9.3.1 【案例分析】

在现代效果图的制作中常常在效果图中采用了一些特效来吸引人的主意。

9.3.2 【设计理念】

本案例介绍卡通效果图的制作，为场景指定 VRay 卡通效果。（最终效果参看光盘中的"Cha09 > 效果 > 卡通兔子 ok.max"，如图 9-80 所示。）

图 9-80

9.3.3 【操作步骤】

步骤 1 运行 3ds Max 9，在菜单栏中选择"文件 > 打开"命令，打开素材文件（素材文件为光盘中的"Cha09 > 效果 > 卡通兔了 o.max"），打开的场景如图 9-81 所示。

步骤 2 渲染场景文件的效果如图 9-82 所示。

图 9-81

图 9-82

步骤 3 在场景中按 8 键,在弹出的"环境和效果"面板中单击"大气"卷展栏中的"添加"按钮,在弹出的对话框中选择"VRay 卡通",单击"确定"按钮,如图 9-83 所示。

步骤 4 添加卡通效果后渲染的场景,如图 9-84 所示。

图 9-83

图 9-84

步骤 5 在"VRay 卡通参数"卷展栏中单击"包括/排除对象"组中的"添加"按钮,在场景中拾取兔子模型,如图 9-85 所示。

步骤 6 只为场景中的兔子对象指定卡通材质,如图 9-86 所示。

图 9-85

图 9-86

9.3.4 【相关工具】VRay 卡通

"VRay 卡通"特效是以大气效果存在的,如图 9-87 所示。在"环境和效果"面板中单击"大气"卷展栏中的"添加"按钮,在弹出的"添加大气效果"对话框中选择"VRay 卡通",如图 9-87 所示。指定"VRay 卡通"后的"VRay 卡通参数"卷展栏,如图 9-88 所示。

图9-87　　　　　　　　　　　　图9-88

"基本参数"组

"线颜色"：设置卡通边缘颜色。如图9-89所示，左图为黑色线颜色，右图为橘红色线颜色。

图9-89

"像素"参数：基于像素设置卡通边缘的大小。如图9-90所示，左图为1.5像素，右图为3像素。

图9-90

"世界"参数：基于世界设置卡通边缘的大小。默认为不选择该项。

"不透明度"参数：设置卡通边缘的不透明度，它的范围为0～1，当值为1时表示卡通边缘不透明，当值为0时卡通边缘完全透明。如图9-91所示，左图透明度为0.2，右图透明度为1。

"标准阈值"参数：可以控制边缘线条的平滑程度，值越大越平滑。

图 9-91

注 意 切勿将"标准阈值"参数的值设置为 1，当其值为 1 时物体表面也将被线颜色覆盖，一般选择中间值。

"重叠阈值"参数：控制物体本身交叉面的平滑程度。

"反射/折射"选项：设置物体有反射/折射面时的卡通特效，当该项取消选择时说明反射/折射的面没有卡通效果。如图 9-92 所示，右图为勾选了"反射/折射"选项的效果。

图 9-92

注 意 如果勾选"反射/折射"选项时，请将"线颜色"和"环境"颜色进行区分设置，否则看不出效果。

"轨迹偏移"参数：设置反射/折射后光线跟踪的偏移值。

"贴图"组

从中指定贴图设置卡通的颜色、宽度、失真和不透明度。

"包括/排除对象"组

指定卡通材质包含或排除的对象。

9.3.5 【实战演练】卡通手镯

为场景指定 VRay 卡通效果。（最终效果参看光盘中的"Cha09 > 效果 > 镯子 ok.max"，如图 9-93 所示。）

图 9-93

9.4 毛巾效果

9.4.1 【案例分析】

本案例介绍如何制作毛巾效果。

9.4.2 【设计理念】

创建圆柱体和足够分段数的"切角长方体"，为"切角长方体"指定一个布料，为圆柱体指定一个刚体集合。（最终效果参看光盘中的"Cha09 > 效果 > 毛巾效果 ok.max"，如图 9-94 所示。）

图 9-94

9.4.3 【操作步骤】

步骤 1 运行 3ds Max 9，选择 " （创建）> （几何体）> 扩展基本体 > 切角长方体" 按钮，在"顶"视图中创建模型并将其命名为"毛巾"，在"参数"卷展栏中设置"长度"为260、"宽度"为140、"高度"为1、"圆角"为0.4，如图9-95所示。

图9-95

步骤 2 在工具栏中单击"（材质编辑器）"按钮，打开"材质编辑器"面板，从中选择一个新的材质样本球，将其命名为"毛巾"，如图9-96所示。

在"贴图"卷展栏中单击"漫反射颜色"右侧的"None"按钮，在弹出的"材质/贴图浏览器"对话框中选择"位图"贴图，单击"确定"按钮。

图9-96

步骤 3 在弹出的"选择位图图像文件"对话框中选择位图文件（贴图路径为"Cha07 > 贴图 > 毛巾贴图.jpg"），如图9-97所示，单击"打开"按钮。

图 9-97

步骤　4 进入贴图面板，在"位图参数"卷展栏中单击"查看图像"按钮，在弹出的对话框中调整要裁剪的毛巾，并勾选"应用"选项，如图 9-98 所示。

图 9-98

步骤　5 选择"　（创建）>　（几何体）> 标准基本体 > 圆柱体"工具，在"左"视图中创建圆柱体，在"参数"卷展栏中设置"半径"为 5、"高度"为 300、"高度分段"为 1，如图 9-99 所示。

步骤　6 在菜单栏中选择"自定义 > 显示 UI > 显示浮动工具栏"命令，如图 9-100 所示。

步骤 7 显示浮动工具栏后保留"reactor"工具栏，关闭其他工具栏，如图 9-101 所示。

图 9-99

图 9-100

图 9-101

步骤 8 在工具栏中单击"（刚体集合）"按钮、"（布料集合）"按钮，在场景中单击创建，如图 9-102 所示。

图 9-102

步骤 9 在工具栏中选择"（选择并链接）"工具，在场景中单击刚体集合，按住鼠标左键移动到圆柱体上创建链接，如图 9-103 所示。

步骤 10 使用"＂（选择并链接）"工具在场景中单击布料集合，按住鼠标左键移动到切角长方体上创建链接，如图 9-104 所示。

图 9-103

图 9-104

步骤 11 在场景中选择"毛巾"，切换到"＂（修改）"命令面板，在"修改器列表"中选择"Cloth"修改器，如图 9-105 所示。

步骤 12 在"对象"卷展栏中单击"对象属性"按钮，弹出"对象属性"对话框，在对象列表中选择"毛巾"对象，选择"Cloth"选项，如图 9-106 所示。

图 9-105

图 9-106

步骤 13 在"对象属性"对话框中单击"添加对象"按钮，添加圆柱体到列表中，并在列表中选择圆柱体，选择"冲突对象"选项，如图 9-107 所示。

步骤 14 在"对象"卷展栏中单击"模拟本地"按钮，模拟布料效果，直到满意后再次单击"模拟本地"按钮停止模拟，如图 9-108 所示。

步骤 15 调整透视图，按 Ctrl+C 组合键直接创建摄影机，如图 9-109 所示。

步骤 16 选择"＂（创建）> ＂（图形）> 线"按钮，在"左"视图中创建样条线，如图 9-110 所示。

图 9-107

图 9-108

图 9-109

图 9-110

步骤 17 切换到 "　（修改）" 命令面板，将当前选择集定义为 "样条线"，在 "几何体" 卷展栏中单击 "轮廓" 按钮，在场景中调整样条线的轮廓，如图 9-111 所示。

步骤 18 关闭选择集，在 "修改器列表" 中选择 "挤出" 修改器，在 "参数" 卷展栏中设置 "数量" 参数，如图 9-112 所示。

步骤 19 选择 "　（创建）>　（灯光）>目标聚光灯" 按钮，在顶视图中创建目标聚光灯，在场景中调整灯光的位置和角度。切换到 "　（修改）" 命令面板，在 "常规参数" 卷展栏中勾选 "阴影" 组中的 "启用" 选项，选择阴影类型为 "区域阴影"。

在 "聚光灯参数" 卷展栏中设置 "聚光区/光束" 和 "衰减区/区域" 参数分别为 0.5 和 100。在 "强度/颜色/衰减" 卷展栏中设置 "倍增" 参数为 1，如图 9-113 所示。

图 9-111

图 9-112

图 9-113

步骤 20 在"阴影参数"卷展栏中设置"颜色"的 RGB 为 76、76、76。

在"区域阴影"卷展栏中设置"区域灯光尺寸"组中的"长度"为 120、"宽度"为 120，如图 9-114 所示。

步骤 21 选择" （创建）> （灯光）>泛光灯"按钮，在场景中创建灯光，并在场景中调整灯光的位置。切换到" （修改）"命令面板，在"强度/颜色/衰减"卷展栏中设置"倍增"参数为 0.5，如图 9-115 所示。

步骤 22 在工具栏中单击" （渲染场景对话框）"按钮，在弹出的"渲染场景"面板中设置"输出大小"的尺寸为 800×768，如图 9-116 所示。

图 9-114

图 9-115

图 9-116

9.4.4 【相关工具】

1. Cloth

下面介绍 Cloth 修改器的几种常用工具。

◎ "对象"卷展栏

添加 Cloth 修改器后的 "对象"卷展栏如图 9-117 所示。

"对象属性"按钮：用于打开 "对象属性"对话框，在其中可定义要包含在模拟中的对象，确定这些对象是布料还是冲突对象，以及与其关联的参数。

"Cloth 力"按钮：模拟添加类似风之类的力（即场景中的空间扭曲）。

"模拟"组

"模拟本地"按钮：不创建动画，开始模拟进程。使用此模拟可将衣服覆盖在角色上，或将衣服的面板缝合在一起。

"模拟本地（阻尼）"：与"模拟本地"的功能相同，但是为布料添加了大量的阻尼。

"模拟"按钮：在激活的时间段上创建模拟。与"模拟本地"的功能不同，这种模拟会在每帧处以模拟缓存的形式创建模拟数据。

"进程"选项：选择该选项时，将在模拟期间打开"Cloth"对话框，如图 9-118 所示。该对话框显示模拟进度，其中包括时间信息以及有关错误或时间步阶调整的消息。

"模拟帧"：显示当前模拟的帧数。

"消除模拟"按钮：删除当前的模拟。

"截断模拟"按钮：删除模拟在当前帧之后创建的动画。

◎ **"选定对象"卷展栏**

"选定对象"卷展栏如图 9-119 所示。

图 9-117　　　　　　　　　图 9-118　　　　　　　　　图 9-119

"缓存"组

文本字段：显示缓存文件的当前路径和文件名。

"强制 UNC 路径"：如果文本字段路径是指向映射的驱动器，则将该路径转换为 UNC 格式，从而使该路径易于访问网络上的任何计算机。要将当前模拟中所有布料对象的缓存路径都转换为 UNC 格式，请单击"所有"按钮。

"覆盖现有"选项：启用时，Cloth 可以覆盖现有缓存文件。要对当前模拟中的所有布料对象启用覆盖，请单击"所有"按钮。

"设置"按钮：用于指定所选对象缓存文件的路径和文件名。

"加载"按钮：将指定的文件加载到所选对象的缓存中。

"导入"按钮：打开一个文件对话框，以加载一个缓存文件，而不是指定的文件。

"加载所有"按钮：加载模拟中每个布料对象的指定缓存文件。

"保存"按钮：使用指定的文件名和路径保存当前缓存（如果有的话）。如果未指定文件，Cloth 会基于对象名称创建一个文件。

"导出"按钮：打开一个文件对话框，以将缓存保存到一个文件，而不是指定的文件。可以采用默认 CFX 格式或 PointCache2 格式进行保存。

"附加缓存"选项：要以 PointCache2 格式创建第 2 个缓存，应勾选"附加缓存"选项，然后单击"设置"按钮以指定路径和文件名。

"属性指定"组

"插入"：在"对象属性"对话框中的两个不同设置（由右上角的"属性 1"和"属性 2"选项确定）之间插入。使用此滑块可以在这两个属性之间设置动画，调整衣服使用的织物，设置类型。

"纹理贴图"按钮：设置纹理贴图，对布料对象应用"属性 1"和"属性 2"设置。

"贴图通道"：用于指定纹理贴图所要使用的"贴图"通道，或选择要用于取而代之的"顶点颜色"。在与 3ds Max 中的新绘制工具结合使用时，顶点颜色特别有用。用户可以直接绘制对象的顶点颜色，并使用绘制的区域进行材质指定。

"弯曲贴图"组

"弯曲贴图"：切换"弯曲贴图"选项的使用。使用数值设置调整的强度，在大多数情况下，该值应该小于 1.0，其范围为 0.0～100.0，默认设置是 0.5。

"顶点颜色"选项：使用顶点颜色通道进行调整。

"贴图通道"选项：使用贴图通道进行调整，使用微调器设置通道。

"纹理贴图"：使用纹理贴图进行调整。要指定纹理贴图，应单击该按钮（默认情况下标记为"None"），然后使用"材质/贴图浏览器"来选择该贴图。选择之后，贴图名称显示在按钮上。

◎ **"模拟参数"卷展栏**

"模拟参数"卷展栏如图 9-120 所示。

"厘米/单位"：确定每 3ds Max 单位表示多少厘米。

> **提 示** 进行布料模拟时，尺寸和比例都很重要，因为即使采用同样的织物，10 英尺的窗帘的行为和一英尺见方的手帕的行为也大为不同。

"重力"：启用之后，重力值将影响到模拟中的布料对象。

图 9-120

"步阶"参数：模拟器可以采用的最大时间步阶大小。

"子例"参数：软件对固体对象位置每帧的采样次数。

"起始帧"参数：模拟开始处的帧。

"结束帧"选项：勾选之后，确定模拟终止处的帧。

"自相冲突"选项：勾选之后，检测布料与布料之间的冲突。将此设置关闭之后，将提高模拟器的速度，但是会允许布料对象相互交错。

"实体冲突"选项：勾选之后，模拟器将考虑布料对实体对象的冲突。此设置始终保留为开启。

"使用缝合弹簧"选项：勾选之后，使用随 Garment Maker 创建的缝合弹簧将织物接合在一起。

"显示缝合弹簧"选项：用于切换缝合弹簧在视口中的可视表示。这些设置并不渲染。

"随渲染模拟"选项：勾选时，将在渲染时触发模拟。

"高级收缩"选项：启用时，Cloth 对同一冲突对象两个部分之间收缩的布料进行测试。

"张力"：利用顶点颜色可以显现织物中的压缩/张力。

◎ "对象属性"对话框

使用"对象属性"对话框指定要纳入布料模拟的对象是布料还是冲突对象，并定义与其关联的参数，如图 9-121 所示。

图 9-121

"模拟对象"：列出当前包含在模拟中的对象。

"添加对象"按钮：打开一个对话框，从中可选择要添加到 Cloth 模拟中的场景对象。

"移除"按钮：从模拟中移除"模拟对象"列表中突出显示的对象。在此不能移除当前在 3ds Max 9 中选定的对象。

"不活动"选项：令某个对象在模拟中处于不活动状态。

"Cloth"选项：将"模拟对象"中的一个或多个突出显示的对象设置为布料对象，然后可在该对话框的"Cloth 属性"部分定义其参数。

"属性 1、属性 2"选项：使用这两个选项，可为"模拟对象"列表突出显示的对象指定两组不同的布料属性。

"使用面板属性"选择：选择"Cloth"之后，令 Cloth 从 Cloth 修改器的面板子对象层级使用 Cloth 属性。在此可在面板对面板基础上定义不同的布料属性。

"Cloth 属性"组

"预设"：将 Cloth 属性参数设置为从下拉列表中选择的预设值。

"加载"按钮：从硬盘加载预设值。

"保存"按钮：将 Cloth 属性参数保存为文件，以便此后加载。

"U 弯曲、V 弯曲"参数：弯曲阻力。此值设置得越高，织物能弯曲的程序就越小。

"厚度"参数：定义织物的虚拟厚度，便于检测布料对布料冲突。

"排斥"参数：用于排斥其他布对象的力值。

"U 曲线、V 曲线"参数：织物折叠时的弯曲阻力。

"空气阻力"参数：由于空气产生的阻力。此值将确定空气对布料的影响有多大。较大的空气阻力值适用于紧密的织物，较小的值适用于宽松的衣服。

"动磨擦力"参数：指介于布料和固体对象之间的动磨擦力。较大的值将增加更多的摩擦力，导致织物在物体表面上滑动较少。较小的值将令织物在物体上轻松滑动，类似于丝织物产生的反应。

"U 拉伸、V 拉伸"参数：拉伸阻力。对于大多数衣料来说，默认值 50.0 是一个比较合理的值。值越大布料越坚硬，较小的值令布料的拉伸阻力更像橡胶。

"静摩擦力"参数：布料和固体之间的静摩擦力。当布料处于静止位置时，此值将控制其在某处的静止或滑动能力。

"自摩擦力"参数：布料自身之间的摩擦力。自磨擦力与动磨擦力和静磨擦力类似，只是其应用于布料自身之间或自冲突。值较大将导致布料本身之间的摩擦力更大。

"剪切力"参数：剪切阻力。值越高布料就越硬。

"密度"参数：每单位面积的布料重量（以 gm/cm^2 表示）。值越高表示布料就越重，如劳动服布料的值就较高。对于丝类的材质可使用较小的值。

"阻尼"参数：值越大，织物反应就越迟钝。采用较低的值，织物行为的弹性将更高。

"U 比例"参数：控制布料沿 U 方向收缩或膨胀的多少。

"V 比例"参数：控制布料沿 V 方向延展或收缩的多少。

"可塑性"参数：布料保持其当前变形（即弯曲角度）的倾向。

"深度"参数：布料对象的冲突深度。

"补偿"参数：在布料对象和冲突对象之间保持的距离。非常低的值将导致冲突网格从布料下突出来，非常高的值将导致出现的织物在冲突对象上浮动。

"粘着"参数：布料对象粘附到冲突对象的范围。

"各向异性"选项：勾选后，可以为"弯曲"、"曲线"和"拉伸"参数设置不同的 U 值和 V 值。

"使用边弹簧"选项：勾选后用于计算拉伸的备用方法。

"使用实体摩擦"选项：使用冲突物理的摩擦力来确定摩擦力。可以为布料或冲突对象指定冲突值，便于为每个冲突对象设置不同的摩擦力值。

"保持形状"参数：设置根据"弯曲%"和"拉伸%"设置保留网格的形状。

"弯曲%"参数：将目标弯曲角度调整介于 0 和目标状态所定义的角度之间的值。负数值用于反转角度，范围为-100～100，默认设置为100。

"拉抻%"参数：将目标拉伸角度调整介于 0 和目标状态所定义的角度之间的值。负数值用于反转角度，范围为-100～100，默认设置为100。

"层"参数：指示可能会彼此接触的布片的正确顺序。

"冲突属性"组

"冲突对象"选项：将左侧列中高亮显示的一个或多个对象设置为冲突对象。布料对象沿着冲突对象反弹或包裹。

"深度"参数：冲突对象的冲突深度。如果部分布料在冲突对象中达到此深度，模拟将不再尝试将布料推出网格。

"补偿"参数：在布料对象和冲突对象之间保持的距离。非常低的值将导致冲突网格从布料下突出来，非常高的值将令织物看起来像是漂浮在冲突对象的顶部。

"动摩擦力"参数：布料和此特定固体对象之间的动摩擦力。较大的值将增加更多的摩擦力，导致织物在物体表面上滑动较少。较小的值将令织物在物体上易于滑动，类似于丝织物产生的反应。该值只用于和启用"使用实体摩擦"的布料对象交互，否则该摩擦力值将取自布料自身的属性。

"静摩擦力"参数：布料和固体之间的静摩擦力。当布料处于静止位置时，此值将控制其在某处的静止或滑动能力。该值只用于和启用"使用实体摩擦"的布料对象交互，否则该摩擦力值将取自布料自身的属性。

"启用冲突"选项：启用或禁用此对象的冲突，同时仍然允许对其进行模拟。这意味着该对象仍然可用于设置曲面约束。

2. 布料集合

"　（Cloth Collection）"布料集合是一个 reactor 辅助对象，用于充当布料对象的容器。在场景中添加了布料集合后，就可以将场景中的布料对象（带布料修改器的对象）添加到该集合中。

◎ "Properties"卷展栏

"Properties"卷展栏如图 9-122 所示。

"highlight"按钮：可以使集合中的对象在视口中短暂闪烁。

"Cloth Entities"列表框：列出布料集合中当前对象的名称。

"Pick"按钮：向布料集合中添加对象。单击此按钮，然后在视口中将光标移动到要添加到集合的对象上。如果它是布料对象，光标将从箭头变为十字叉，然后可以选择该对象将其添加到集合中。

"Add"按钮：可以使用此按钮将场景中的一个或多个对象添加至集合中。单击该按钮将打开"Select cloths"对话框，如图 9-123 所示。在列表中突出显示一个或多个实体，然后单击"Select"按钮将这些对象添加到集合中。

"Delete"按钮：在集合中移除对象。在"Cloth Entities"列表框中，突出显示要从集合中移除的实体，然后单击此按钮。

"Disabled"选项：勾选该选项，集合及其包含的实体将不会添加到模拟中。

◎ "Advanced" 卷展栏

"Advanced" 卷展栏如图 9-124 所示。

图 9-122

图 9-123

图 9-124

"Internal Steps" 参数：因为可变形对象进行模拟比较复杂，所以通常需要执行更多的模拟步长来提高稳定性。

"Reset Default Values" 按钮：单击该按钮，将 "Internal Steps" 参数还原为其默认值。

3. 刚体集合

刚体集合是一种作为刚体容器的 reactor 辅助对象。一旦在场景中添加了刚体集合，就可以将场景中的任何有效刚体添加到集合中。

◎ "RB Collection Properties" 卷展栏

"RB Collection Properties" 卷展栏如图 9-125 所示。

"highlight" 按钮：导致 "Rigid Bodies" 列表框中的对象在视口中立即显示，如同被选定一样。

"Rigid Bodies" 列表框：列出刚体集合中的对象的名称。

"Pick" 按钮：将对象添加到刚体集合中。单击此按钮，然后在视口中将光标移动到要添加到集合的对象上。如果对象可用作刚体，光标将由箭头变成十字，则可以选择该对象并将其添加到集合中。

"Add" 按钮：可以使用此按钮将场景中的一个或多个对象添加至集合。单击该按钮将打开 "Select Rigid Bodies" 对话框。在提供的列表中进行选择，然后单击 "Select" 按钮将对象添加至集合。

"Delete" 按钮：使用此按钮，可以将对象从集合中移除。在刚体列表中，选择要从集合中移除的实体并单击该按钮。

"Disabled" 选项：勾选该选项，集合及其包含的实体将不会添加到模拟中。

◎ "Advanced" 卷展栏

"Advanced" 卷展栏如图 9-126 所示。

"Euler" 选项：刚体集合将使用 Euler ODE（常微分方程）Solver 计算刚体的行为。

"Runge-Kutta" 选项：该方法在某些情况下更准确但是需要更多的计算。如果使用简单约束

（如弹簧或缓冲器）将许多对象连接在一起，则应该使用该选项，因为这些类型的系统很容易变得不稳定。

"Reset Default Values"按钮：单击该按钮，将集合的值设置为默认值。

图 9-125

图 9-126

9.4.5 【实战演练】床单

创建作为布料的床单模型，为床单指定布料集合，为床垫指定刚体集合。（最终效果参看光盘中的"Cha09 > 效果 > 床单 ok.max"，如图 9-127 所示。）

图 9-127

9.5 综合演练——静物渲染

设置好场景，为场景进行渲染。首先设置草图渲染，然后提高参数设置效果输出。（最终效果参看光盘中的"Cha09 > 效果 > 静物渲染 ok.max"，如图 9-128 所示。）

图 9-128

9.6 综合演练——卧室

首先降低细分参数，测试场景中的灯光模型及摄影机的效果，通过后提高参数设置，完成最终渲染。（最终效果参看光盘中的"Cha09 > 效果 > 卧室 ok.max"，如图 9-129 所示。）

图 9-129